# 每天1碗沙拉

## 等于瘦身1小时

**沙拉女王** ▶ 编著

10周70道美味瘦身沙拉，让年龄和肌肤逆生长

中国轻工业出版社

## 图书在版编目（CIP）数据

每天1碗沙拉 等于瘦身1小时 / 沙拉女王编著.
—北京：中国轻工业出版社，2013.8
　　ISBN 978-7-5019-9328-4

　　Ⅰ.①每… Ⅱ.①沙… Ⅲ.①沙拉－减肥－食谱
Ⅳ.①TS972.161

中国版本图书馆CIP数据核字（2013）第140088号

责任编辑：王巧丽　　责任终审：张乃東　　整体设计：尚书坊
策划编辑：王巧丽　　责任监印：马金路

出版发行：中国轻工业出版社（北京东长安街6号，邮编：100740）
印　　刷：北京画中画印刷有限公司
经　　销：各地新华书店
版　　次：2013年8月第1版第1次印刷
开　　本：880×1230　　　1/32　　　印张：6.25
字　　数：100千字
书　　号：ISBN 978-7-5019-9328-4　　　定价：29.80元
邮购电话：010-65241695　传真：65128352
发行电话：010-85119835　85119793　　传真：85113293
网　　址：http://www.chlip.com.cn
Email：club@chlip.com.cn
如发现图书残缺请直接与我社邮购联系调换
121227S1X101ZBW

序1

　　沙拉是用各种凉透了的熟料或是可以直接食用的生料加工成较小的形状后，再加入调味品（如沙拉酱）或调味汁拌制而成的。沙拉的原料选择范围很广，各种蔬菜、水果、海鲜、禽蛋、肉类等均可用于沙拉的制作。

　　现在的沙拉更多的是由新鲜果蔬加工而成，常吃蔬果沙拉的人往往能够摄入更加充足的维生素C、β胡萝卜素、膳食纤维、钾和生物活性物质。而这些营养素的充足摄取能够降低我们患肥胖、糖尿病、高血压、高血脂、动脉粥样硬化、便秘、癌症等多种疾病的风险。因此，我们建议大家如果能够选择，可以多多食用沙拉。

　　不过，在食用沙拉时一定看清沙拉酱的真面目再食用，沙拉是否适合我们，是否能够带来上面提到的好处，关键要看沙拉酱的品质。降低卡路里、增加饱腹感，是很多人食用沙拉时最想要的效果。说实话，想减肥瘦身的朋友，应该每天多食一些低脂肪的绿色沙拉，甚至可以"多多益善"，当然这是指数量而非热量。这意味着你可以选择更多的绿色成分，更少的调味品和高脂肪食物。

　　有时候去外边做讲座，赶上中午的时候去超市购物，总能看到附近办公楼的白领在超市里匆匆取上一份沙拉就去收款台结账，我相信这些女孩中大部分都是因为怕油腻发胖的工作餐才来选择超市里的沙拉。但看着每一盒沙拉包装上都用胶带贴着一袋成品沙拉酱，我心里都会想，这么吃下去，想瘦身可是白费苦心啊。

　　现在市面上销售的沙拉酱大量使用食用油，导致其中热量越来越多，虽然一袋成品的沙拉酱可以使一盘普通的蔬果顿生姿色，变换口味。但如果多食，不但不会起到瘦身的作用，反而让人体摄取高热量和高脂肪，从而让人容易患上肥胖、高胆固醇、糖尿病和心脏病等疾病。你可能会有疑问，色拉油明明是油，而沙拉酱是酱，两者的外形差别很大，怎么会是把一袋油吃进肚子呢？其实这就涉及沙拉酱在制作过程中油脂的乳化。尽管市面上现在也有低脂的沙拉酱出售，但是也不过是减了一半的油脂量，实际上油脂还是很多。对于想要减肥瘦身，追求健康、保持身材的人，特别是女孩，建议还是少食为妙。

我们都在倡导绿色与健康，我也一直跟身边人强调，多自己动手制作美食，因为最营养、最安全的食物一定出自于自家的厨房与餐桌上。其实，在自己制作沙拉和沙拉酱的过程中，你会发现很多乐趣，同时也可以学习到很多异国特色的沙拉制作方法。

10周70天的沙拉瘦身计划，我想带来的效果一定是因人而异，书里边的每一句减肥宣言都不失幽默，不过我觉得只要有健康的身体，快乐的心情，发自内心的微笑，就是一种美。希望这本书里的每一道沙拉和沙拉酱都会给你带来不同的味觉享受和制作乐趣。

@王旭峰营养师
首都保健营养美食学会副会长兼秘书长

　　我在做营养师的这些年里，被女性朋友问到最多的就是——吃什么能减肥？她们经常抱怨：看着靓丽光鲜的衣服无法穿上；望着餐桌上的美食不敢下筷子；和朋友合影的时候唯恐脸大上镜……我想也许你也有同样的顾虑吧？其实有很多男性朋友也会来问同样的问题。看来减肥瘦身无疑是一种潮流和时尚，是人们追求健康与高品质生活的基础，尤其受到爱美女性的追捧。虽然瘦身的方法有很多，但是饥饿瘦身易得厌食症，运动瘦身太辛苦，药物瘦身担心副作用。大家都希望熊掌与鱼兼得，找寻着省时省力的方法，最好是享受美食的同时又能达到瘦身的效果。无疑，选择低脂美味又健康的沙拉可以让爱美的你消除各种担忧。沙拉一词出现至今，已经从一类美食逐步演变成为瘦身食品的代名词。跟身边的几位女性朋友聊天，发现大部分人对沙拉还是存在着很多误区，对于食材的搭配，热量的计算，以及成品沙拉酱的配料表都不是十分清楚。有时候不安全因素往往藏在外表的背后，外在的东西会蒙住我们的双眼。高能量的沙拉酱或者高热量的食材搭配，都有可能让很多人的瘦身梦变为泡影。如何才能踢开眼前的绊脚石，实现健康美味的沙拉瘦身之旅呢？

　　这本书中列举了很多常见食材，提供详细的制作步骤，并且按每天一道沙拉为大家推荐了10周共70道美味又精致的沙拉，倡导自制健康低脂的沙拉酱。我觉得给广大朋友尤其是爱美的女性提供了很大的参考性，因为选择正确适合你的沙拉不仅瘦身的效果很好，还可以预防便秘，帮助排出体内堆积的毒素，达到美容养颜的效果。正所谓时下流行的理念是：减肥不节食，健康瘦身才是王道！希望读者朋友从第一天第一道沙拉做起，10周后迎来一个崭新的自己。

@樊荣辉营养师

国家二级公共营养师、国家高级烹调师

## 神奇沙拉改变了我

　　各位亲爱的读者们，很高兴在这里和大家分享我——沙拉女王的一些心得和食谱。关于这本书有很多很多的话想告诉大家，但最重要的一点就是沙拉真正地改变了我的生活、我的健康状况、我的体态以及我对健康生活的追求和向往！

　　要说起我和沙拉之间不得不说的故事，其实回溯起来并不久远。也就是一两年以前，作为资深吃货的我，在吃遍了各式各样的美食大餐后终于感觉有些厌倦，看到镜中日益发胖的自己，也不禁有些着急，满足了口腹之欲后，留下的是便秘、口气、肤色暗沉、痘痘肌和水桶腰等让人挠头的问题，而且在尝过那么多种美味后，我对食物的感觉开始降低，每天都要发愁吃什么，怎么吃。在种种机缘巧合下，本女王开始接触沙拉这种简单美好又健康的食物料理方式，开始时也不知道怎么用不同的沙拉汁或沙拉酱来调理食物，但确实是给我一种清新的感觉，比起大鱼大肉的油腻，让口腔和肠胃都得到了净化。于是我开始到处寻找沙拉的制作方法，看各式各样的沙拉菜谱，观摩名厨们料理沙拉的电视节目，并加以消化和吸收，慢慢地对沙拉有了自己的想法和感受后，本女王也开始创作一些沙拉了！朋友聚会时，本女王常常会热烈推介不同沙拉的好处，并亲自做给朋友们品尝，很多朋友也渐渐开始喜爱上沙拉。在朋友的鼓励和推动下，本女王有了写作这本沙拉书的想法，每当制作出一道新的沙拉，我就记录下来，一点点积少成多，竟也完成了70道风味各异却同样健康美味的沙拉！再看镜中现在的自己，苗条、健康、肤色均匀、没有痘痘，简直就是脱胎换骨，而且便秘、口气等问题也统统远离我了！也许有些姐妹会说，哪里有这么神奇，吃点沙拉就会大变身？但是本女王真的要告诉大家，这确实是发

生在我身上的改变，其实我们要改变的不仅仅是一种生活方式，更是一种生活态度！追求健康美丽一定是每一个爱美的女性孜孜不倦的事业，但是光说不做容易，坚持执行并持之以恒真的很难，所以本女王将这本小小的沙拉书分享给大家，希望帮助大家找到一个有效又可行的办法。可不是嘛，如果沙拉真是像满汉全席那样专业又复杂，谁还有心情天天去制作呢？

　　这本书里介绍的大部分沙拉的制作方法都是很容易的，食材通常在家门口的菜店或超市就能买到，沙拉汁也尽量选用自己调配的健康沙拉汁，料理方法也多是煎、煮、烤，所以尽管工作一天回到家中非常的疲倦，本女王也希望姐妹们能翻翻这本书，为自己和家人制作一道健康美味的沙拉。对于烹饪段位比较高的姐妹，这本书也能起到一定的作用，因为本女王博采众长，参考了日式、泰式、美式、法式以及意大利式沙拉的制作方法，希望能给这样的姐妹一些资料上的补充或借鉴吧！

　　真心希望每一位关注这本书的朋友都健康！美丽！快乐！自信！

# 目 录

## Part 3  10 周 70 道神奇美味沙拉

花生酱

沙拉沙拉，瘦身美容的魔法

远离高热量，自制瘦身沙拉酱

10周70道神奇美味沙拉

# 沙拉沙拉，
## 瘦身美容的魔法

## PART 1

## 沙拉 & 沙拉酱，美丽的传说

沙拉，并不是一个陌生的舶来词。它在中国有很多种叫法，比如在北方我们习惯称之为沙拉，在上海被叫作色拉，而在粤语里边则称其为沙律。不管它有几个别名，作为白富美或者发誓要变成白富美的你，怎么能落掉这一课呢？本女王借此机会给众位普及一下沙拉的由来，再娓娓道来一段美丽的传说，多一份颇有情调的谈资，可以给自己加分哦！

沙拉一词在英语中最早出现在 14 世纪，当时写作"salad"或"sallet"。英语"salad"是从法语"salade"变化而来，而该词又来源于拉丁语"salata"，本义为"咸的"，是"sal"（盐）的派生词。在古罗马时期，蔬菜常以盐水或含盐的油与醋作为作料，沙拉的名称也因此与盐联系起来。

相传在地中海的深处，有一座名为米诺卡的小岛，岛上有一个叫做 MAHON 的小镇，这便是传说中的沙拉发源地。据说在 18 世纪中叶，当时属于英国领地的麦内路卡岛被法国军队攻占。一天，法军公爵来到 MAHON 镇上的一家小酒馆喝酒，进门便问道："有什么可以吃的吗？"店主闻言急忙回答："尊敬的公爵，如果您喜欢吃肉的话，我

这里倒是有一些，就是不知合不合大人的口味。"公爵听到很感兴趣，命令店主可以端上来一些，不过要做得好吃可口。

店主走进厨房，不一会儿，端出了做好的肉。公爵看到店主端出了一份黏糊糊的酱，很不解地问这是什么东西，店主答道："这是我们岛上经常吃的一种酱。您尝一尝味道怎么样。"公爵试探地尝了一口，大声说道："真是太好吃了，请把这种酱的做法告诉我，以便日后我可以随时享用这种美味。"店主把酱的制作方法详细地告诉了公爵。回到巴黎之后，公爵就把这种酱起名叫"MAHON 酱"，并且经常用此酱款待王公贵族。没想到这种酱备受欢迎，很快就在巴黎这座城市流传开来，随后慢慢流入寻常百姓家。这种"MAHON 酱"就是今天沙拉酱的前身哦。

## 韩国女性的最爱

韩国的美容瘦身理念可以说引领着世界潮流，在韩国的演艺明星圈子里，沙拉代替正餐正被广泛流传。健康的果蔬沙拉竟然可以取代曾经缔造亚洲美容瘦身神话的各项技术，实在值得我们众姐妹学习和借鉴。

韩国的权威机构研究表明：肥胖者的体内大多偏酸性，而真正的好身材好比例，没有过剩的脂肪含量，这类人的体质是偏碱性的。改变肥胖者的体质是解决肥胖的根本途径。这也就解释了为什么很多人减肥屡减屡败，越减越肥了，因为大部分

的减肥药或者减肥茶都含有很多酸性物质，服用后，让人体更加酸性化，给脂肪堆积带来了便利条件，停药后就会不断反弹。

韩国女性把每天一餐沙拉当成时尚瘦身的新宠，可以说，每天自制健康低脂的沙拉，不仅是为了苗条身材，更是一种时尚的生活方式。不用忌口、不需毅力、没有任何痛苦，也不用每天在健身房里挥汗如雨，只要坚持，不仅身材会越发苗条，皮肤也会越来越年轻，让脂肪搬了家，给所有女性朋友带来了清爽、活力和自信。

看着这些光鲜亮丽、瘦身成功、正在享受沙拉减肥的韩国美女们，让我们不妨先闭眼冥想一下未来 10 周的自己吧。只要

你能坚持，很快你的婴儿肥会消失，拍照 360 度无死角，四肢纤细，腰上的救生圈彻底消失，身材婀娜，玲珑有致，皮肤紧致水汪汪，哦对了，还会让你吐气如兰，活力倍增！

姐妹们，还等什么呢？！

## 自制沙拉酱，才是瘦身正道

有的姐妹告诉我，她已经严格按照沙拉瘦身计划执行，把薯条和汉堡都换成了沙拉，零食和糖果也藏在橱柜，选择低脂食物，避开全脂的食物。如此完美的减肥计划简直是天衣无缝，为什么体重没有减掉，反而又增加了几斤呢？问题到底出在了哪里？借此书，本女王一定要昭告天下：还在使用市售沙拉酱

的姐妹们快快停手吧，真正的凶手就是这一袋袋的"黄油"哦！

《健康时报》有过这样一则"沙拉酱几乎全是油"的报道，用实验证明市面上的成品沙拉酱最终会变成一碗油脂，由此颠覆了我们日常的饮食理念。

原本我们都自以为沙拉酱是一种不含防腐剂的健康食品，但现实告诉我们并不是这样。我们能在超市购买到的沙拉酱大部分的原料都是植物油脂、蛋黄、水和一些添加剂，其中植物油脂的含量高达 50％，真是让你吃了不胖都很难。所以说，想要减肥的姐妹们，每餐沙拉绝对不能放这类沙拉酱哦！这就是为什么书中本女王坚持要给大家奉献一章自制沙拉酱汁的内容，满足大家的口腹之欲又能轻松控制热量，达到瘦身美容的目的啦。

自制沙拉酱遵循几个简单规律，就可以调出最适合你的那道酱汁。

- 根据食材选择酱料，能实现美味口感。
- 想健康，最好选择油醋汁，由醋、柠檬汁、橄榄油、黑胡椒及盐混合而成，热量低，有益心脏健康。选用白醋沙拉颜色会更好看。
- 最简单的沙拉酱是挤一颗柠檬，混入番茄酱即可。
- 想苗条，要少吃蛋黄酱，可

将蛋黄酱去掉一半，加进酸奶，热量可降低近一半。

- 在沙拉酱中加入少许的白葡萄酒，也可降低其中油脂的含量。
- 用酸奶代替沙拉酱。酸奶拌水果口感不但不输沙拉酱，而且热量更低，100g酸奶的热量大概是72千卡，如果换成低脂酸奶热量更低。

总之，要吃健康的沙拉餐，一定要搭配健康的酱汁调料哦。让我们在"远离高热量，自制瘦身沙拉酱"一章中去寻找属于你的美味吧。

## 今天你沙拉了吗?

每天的食谱中，只把一餐作调整，改为自制沙拉，很简单的改变，可以带来很多健康，当然还有意外的惊喜。

"今天你沙拉了吗？"也许即将成为所有姐妹见面的问候语。养成每天一碗沙拉的习惯其实是最简单便捷也是最有营养价值的膳食方法。本女王也曾放出狂言，沙拉将成为姐妹们最钟爱的生活方式之一。

大家都知道多吃蔬果是对健康大有裨益的，每种蔬果都有自己的属性和健康意义。但就种类和分量而言，对于我们每天上班忙碌的现

代人，一天内摄取四、五个品种蔬果，其实都是有一定困难的。很多姐妹都听说过"蔬果彩虹579"这个概念，意思就是儿童一天要吃到5份蔬果、女性是7份蔬果、男性则是9份蔬果，每份约一个拳头大小，每日摄取蔬菜的份数，应较水果多一份，蔬果颜色愈多，愈能帮助健康。

在英国，某科学杂志也有所研究，蔬菜水果摄入量越高，人的幸福指数也跟着提升；尤其是每日摄入7份蔬果的人，自我感觉"最幸福"。

为了把握住这份幸福感，姐妹们可以把三餐中的一餐用沙拉代替，尤其建议晚餐哦。忙碌了一天，回到家中难免会有些慵懒，自制一份色彩缤纷的沙拉晚餐，扫走一天的疲惫，心情也跟随放松舒缓起来。

## 女友艾薇的瘦身沙拉日记

艾薇是我中学时代的同学，因此顺理成章成为我最贴心的闺蜜。也是在她的正面影响下形成了我现在沙拉瘦身的一种生活方式。

她的一篇日志曾给了我很大影响。

艾薇在日志中讲到：我是一个现实主义者，让我严格遵循

各种营养饮食的规则并不容易，其实我的瘦身理念很简单，除了每周固定的运动外，就是每天摄入充足的水果、蔬菜以及全麦食品。在国内的时候我就养成了经常自制沙拉的习惯，购买了很多韩国引进的沙拉图书，图片精

美，让人充满食欲。而且很多酱汁都是原创搭配，食材也可以在很多进口超市买到。

　　我热爱美食，更渴望让身材永远婀娜多姿。每天一道内容丰富的沙拉，对于我来说是一种挑战更是一种希望。坚持完每个 7 天，我都会上秤检验一下自己的体重，随着每周平缓下降的数字，不断期待一个 7 天又一个 7 天。这种内心的小激动可能只有自己才了然。

　　在沙拉的制作过程中，难免会遇到一些高热量又美味的瘦身杀手，我从来没有说要把这些食物一棍子打死。那样人生也会失去很多乐趣。但是有几个原则是必须要坚持的。类似培根、烤面包这种稍微高热量的食物，我只在大运动后或者周末才让自己小放纵一下，平时可以让自己做到视而不见。千岛酱这种高脂调料我都会试图用橄榄油＋醋的组合来代替，很幸运的是，这种酱汁调配出来的味道，不但口感清新，还低脂低热，具有很好的抗氧化作用。

……

看来沙拉瘦身注定是我一生为之奋斗的事业了。

## 爱上沙拉，等于爱上小清新

如果在夏季，迎面遇到一位长发飘飘，素颜清瘦的女生，我们一定会给她贴上"清新"这个标签。然而一身肥腻的赘肉，或者大汗淋漓的狼狈是很难和清新这个词有关联的，更何况是小清新。

纤细窈窕的身材是每个女生追求的目标，减肥也是世界不同肤色的女性朋友共同的爱好。其实想要塑造完美匀称的身材，每天一碗瘦身沙拉非常关键。一份色彩缤纷的沙拉，富含数不清的纤维分子、维生素、微量元素……营养成分一瞬间到达体内，沙拉中的纤维像一个个吸脂海绵一样包裹、吸收大量脂肪分子，并将其搬出体内。

喜欢自制沙拉的姐妹们，你们是否和我有同感呢——制作沙拉和沙拉汁的过程，其实是一件很惬意的事情哦，不用拘泥于任何形式，随心而欲，自成一体。如果我说世界上没有同样的一份自制沙拉酱汁，这句话一点也不过分吧。对于喜欢在家做沙拉的人来说，自制绝

对是最好的选择。市面上的沙拉酱不但是阻碍你瘦身减肥的最大障碍，而且味道真的也不够好呦。

　　每当我制作出一款沙拉新品，觉得它美味又值得推荐给大家的时候，那份喜悦和成就感是无法用言语表达的。比如咖喱酱、芥末酱、番茄酱都可以用来调成沙拉酱。或者有时随意撒一些黑胡椒、调制几滴蒜蓉、点缀些许白兰地，就是一款美味的海鲜沙拉酱。最后信手拈来几下迷迭香或者薄荷绿，提神醒脑，还可以让我们齿颊留香。

　　不妨让我们细细品味自己动手制作的沙拉散发出来的淡淡清香，以及各种美味酱汁带给我们的美好清新。

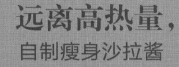

# 远离高热量，
## 自制瘦身沙拉酱

PART 2

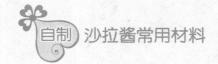

# 自制 沙拉酱常用材料

▶**调和油品** 调和油是沙拉酱汁中最重要的组成部分。常用的调和油有橄榄油、葵花油、米糠油、花生油和芝麻油等。这些油品通常很健康，含有不饱和脂肪酸，能起到降低血脂和胆固醇等作用，而且不同的油品有不同的风味，能为不同的沙拉菜式增添不同的味道。

橄榄油是世界上最古老的油脂之一，在地中海式饮食中被广泛运用，而现在因为它健康又富含营养，正在被世界各地的人们使用和喜爱。橄榄油是最适合调配沙拉的油品，因为其味道清香而特别能增添食物的风味，所以在各式沙拉中都可以使用。

橄榄油

葵花油提取自葵花籽，因为富含不饱和脂肪酸而对心脑血管特别有益，而其含有的丰富的亚油酸又能很好地帮助人体调节新陈代谢，所以是很适合老年人和女性食用的健康油品。在调配沙拉时也能散发独特的葵花籽香气，适合与肉类沙拉搭配。

葵花油

米糠油提取自米粒胚，它所富含的维生素 E，能起到很好的抗氧化功能，不但可以食用，同样也可以用来美容养颜，而且其烟点很高，除了用于料理沙拉也很适合烘焙和煎炸食物。由于米糠油没有特别的味道，所以适合搭配在口味较清淡的沙拉中。

米糠油

花生油

花生油是我们国家的传统油品，由于其带有浓郁的花生香而广受人们的喜爱。它是一种营养特别丰富的油品，其中含有的锌元素远远高于其他油品，适宜大众补锌。但它的油脂含量较高，所以不适宜过多食用，以免对心血管造成一定的负担并引起发胖。

芝麻油

芝麻油是中式沙拉中最经常使用的调和油，它的味道非常的浓烈独特，原本清淡无味的蔬菜沙拉因为它的缘故而变得生动丰富起来。但是芝麻油比较不适宜用在肉类沙拉中，因为芝麻的油脂香气和肉类的油脂搭配在一起会很腻口。

▶ 常用配料

红酒醋是以葡萄果实在木桶中陈年发酵而成的一种食用醋。其中以意大利的最负盛名。多用在意式沙拉中，口感酸中带甜，适合调配各种蔬菜类和肉类沙拉。

红酒醋

白醋

米醋

米醋是用大米酿制而成，在中国人的日常生活中不可或缺。不论是调配沙拉，烹煮菜肴或蘸食都非常适宜。酸酸的口味能很好地中和肉类带来的油腻感。

白醋是一种无色、味道单纯的醋，在烹调中多用于拌食沙拉，也可以用于泡菜，味道较普通食醋酸。

## 泰式甜辣酱

泰式甜辣酱是一种用指天椒、大蒜、鱼露和糖等原料经过炮制陈化而成的酱料。色泽红亮，蒜香浓郁，酸甜适中并带有淡淡的水果味道。适合蘸食、炒菜和拌食沙拉。

## 寿司醋

寿司醋是一种调配醋。多用于日式料理。以醋、糖、盐为主要调料。也可以使用柠檬汁代替醋，更有一种柠檬的清香味道。

盐与酱油一样是咸味调味品，由于是无色固体，更适用于增添咸味而无需改变食物的颜色和水分含量。

盐

黑胡椒通常有胡椒粒和胡椒粉两种。黑胡椒粒用研磨器研磨后添加到食物中，味道更浓郁。而黑胡椒粉由于已经用机器粉碎，味道散发掉一部分，所以较淡。

黑胡椒

酱油有很多种。一般酱油是用豆、麦、麸皮酿造的液体调味品。色泽红褐色，有独特酱香，滋味鲜美，有助于促进食欲，是中国甚至大部分亚洲国家的传统调味品。其中生抽色淡味道较咸，适用于烹煮和拌食，老抽由于加入了焦糖色而色彩浓重但味道较生抽淡，适用于炖煮食物并使之上色，日式酱油多用于蘸食。

酱油

第戎芥末酱又称法式芥末酱，来源于法国第戎地区。是一种以尚未成熟的酸葡萄汁代替传统配方所用的酸醋并加入第戎地区所产芥末籽和白葡萄酒而生产出的芥末酱。颜色为淡黄褐色，口感顺滑，没有美式芥末酱的辛辣，风味浓郁又带有一点白酒的酸性，适合搭配各种肉类料理和拌食沙拉。

第戎芥末酱

韩式辣椒酱

韩式辣椒酱是韩式料理中最重要的调味品之一。是以韩国辣椒粉、糯米水、盐、果糖和蜂蜜调制而成的辣酱，以甜辣椒为主，色泽红亮，惹人食欲，适合蘸食韩国烤肉，烹煮韩式料理和拌食沙拉。较黏稠，多用稀释啤酒或可乐。

蜂蜜

蜂蜜是一种天然食品，味道甜蜜清香，适于人体消化吸收，是一种富含营养的优秀滋补品，也是一种甜味调料，浓稠而富有光泽，采自不同的花可产生不同味道的蜂蜜，也有不同的食疗功效，可以长期保存。

味啉

味啉又称味霖，米淋，是日本料理中料理酒的一种。其色黄而透明，味道带有清新的甜香和米香，能取代糖的作用。使用味啉能去腥提味防止异味的产生。可以使用在炖煮、烧烤、作汤和沙拉中。

芝麻酱

芝麻酱是将芝麻炒熟研磨而成的酱，含有丰富的蛋白质、氨基酸、多种维生素和矿物质，有浓郁的芝麻香气，是一种大众非常喜爱的调味品。它的用途非常广泛，可以当作火锅蘸料、拌面、做点心的馅料，也可以拌食沙拉。但是芝麻酱较浓稠，通常需要加水稀释使用。另外日本料理中也使用芝麻酱，不过制作方法略有不同，一般是将芝麻进行烘焙后再研磨成酱，加酱油、味啉、白醋和水调和而成，可以用以制作各种和风料理或沙拉。

青柠汁

青柠是一种清香芬芳的水果，在泰式料理中运用的非常多，几乎每道菜都有它的身影。它的味道比柠檬酸，所以青柠汁通常作为醋的代替品，能增添菜肴的清新口感。可以添加在沙拉、汤和任意的炒菜中，特别适合料理肉类时去腥提味。

柠檬汁

柠檬在各国料理中都是非常重要的角色，用法广泛，因为特殊的柠檬香气而非常的惹人喜爱，同时也会给食物带来不一样的清新气味。也可以代替醋使用。

番茄酱

番茄酱是一种世界性的调味品，是由成熟的番茄、糖、醋、盐和其他香料，有时甚至加入洋葱、西芹等蔬菜熬制而成。通常用于蘸食、炖煮或沙拉调味中，因为色泽红艳、酸甜适中、味道浓郁而广受人们的喜爱。

酸奶

酸奶是乳制品的一种，使用动物的乳汁（现在比较常见的是牛奶或羊奶）经乳酸菌发酵而成，通常是白色或淡黄色，浓稠（或半浓稠）、带酸味（或甜味），有浓郁的奶香。各个国家有自己不同风格的酸奶，除了当作饮品或保健品食用外，一些国家的料理中也经常使用酸奶做沙拉的调味品，例如希腊的很多种沙拉就使用酸奶、橄榄油、蒜蓉、柠檬汁等混合成的沙拉酱汁调味，可以用在水果、蔬菜、肉类、海鲜等不同的沙拉中。我我们经常食用的老酸奶也可以直接拌食。

鱼露是泰国乃至整个东南亚国家都非常常用的调料之一，在我国的福建等地也广泛使用，在以上地区鱼露也可以替代酱油、盐、味精等多种调料运用在不同的料理中。鱼露是用各种小鱼虾经过腌制、发酵、熬炼而成的一种汁液，成琥珀色或淡红色，味道咸中带鲜，可用于炒菜、炖煮、炸烩、蘸食和拌食沙拉。

鱼露

孜然是除了胡椒以外的世界第二大调味品，不仅历史悠久，还有很高的药用价值。它主要用于调味、提取香料等，是烧、烤食品常用的上等作料，口感风味极为独特，富有油性，气味芳香而浓烈。在料理肉类沙拉时，用孜然调味过的牛羊肉，不但能减轻油腻感，还会使肉类特别的芳香而没有腥膻味。

孜然

在中国饮食中，姜蒜通常都是被一并提及的，姜的作用和大蒜差不多，但是用在肉类的料理中特别能去除肉的腥味。姜用在沙拉里能特别发挥它的清新气息。

姜

辣椒粉

辣椒粉是一种以灯笼椒晒干后研磨成的粉末状香料，由于气味辛辣浓烈，色泽鲜艳，与食物搭配后会特别的引起人的食欲。在沙拉中放入适量的辣椒粉，会增添食物的辛辣感，使味道更多层次也更开胃。

大蒜

大蒜是味道浓烈辛辣的调味品，在日常生活中不可或缺，可以运用在任意食物和烹调方法中，有提味，去腥的作用，特别是用在生食的沙拉中，能很好的起到杀菌的作用。

# 常用 酱汁制作方法

▶ 常见沙拉酱汁

## 橄榄油醋汁

- **基本作法**：橄榄油与红酒醋（或黑醋），加盐和黑胡椒调味。

- **延伸作法**：可分别加入第戎芥末酱、蜂蜜、柠檬汁（或青柠汁）、白葡萄酒（或起泡酒）、辣椒汁等以适应不同风味的沙拉。

- **适合沙拉的种类**：蔬菜类、肉类、海鲜类。

Tips

这道健康低脂的油醋汁是本女王最爱的调料之一，配比非常简单，味道也相当不错。不但可以用来烹调鱼、肉、拌沙拉，还可以直接蘸着主食面包吃哦。

**用量**

| 橄榄油 | 红酒醋 | 盐 | 黑胡椒 |
|---|---|---|---|
| 3 勺 | 3 勺 | 适量 | 适量 |

# 酸奶沙拉酱汁

- **基本作法**：希腊酸奶可以直接拌入沙拉中，但口味偏酸，如果不喜欢，可以加少量蜂蜜或白糖。中式老酸奶本身酸甜适中，适宜直接拌入沙拉中，不需要特别添加甜味。最后可以加一勺剁碎的迷迭香，增加清新味道。

- **延伸作法**：可加入蜂蜜，柠檬汁等

- **适合沙拉的种类**：水果类、蔬菜类。

## 用量

| 希腊酸奶 | 蜂蜜 | 迷迭香 |
| 1 杯 | 少量 | 1 勺 |

### Tips

用酸奶代替沙拉酱就是不错的选择。酸奶含钙多，利于消化吸收。但酸奶是半固体，包裹食物的能力较差，容易流到盘底，变成"汤"，扮相不大好看，所以食材上可以选择不易出汤的果蔬。

# 红酒醋酱汁

- **基本作法：** 橄榄油与红酒醋混合，加上盐和黑胡椒混合均匀即可。

- **延伸作法：** 喜欢清新口感的可以加入少量柠檬汁，若希望口味稍重的可以加入蒜碎，喜欢口感丰富的还可以加入少量各类干的香草碎，如迷迭香碎、鼠尾草碎、欧芹碎等。

- **适合沙拉的种类：** 蔬菜类、肉类、海鲜类。

Tips

　由于红酒醋味道浓烈，多用在调制浓郁的酱汁上，如果少许的红酒醋与肉类、肉酱或者番茄酱等一起入锅，可增加美味，调和出平衡的味道。

**用量**

| 橄榄油 | 红酒醋 | 盐 | 黑胡椒 |
| --- | --- | --- | --- |
| 3勺 | 2勺 | 适量 | 适量 |

# 梅子醋沙拉酱汁

- **基本作法**：将梅子汁（或梅子醋）与橄榄油、盐和黑胡椒混合均匀即可。

- **延伸作法**：如果不喜欢过酸的口感，可适量加入桂花酱、蜂蜜、枫糖浆等食材增加甜度，喜欢口感较为丰富的可以加入少量坚果碎，如花生碎、腰果碎或杏仁碎等。

- **适合沙拉的种类**：蔬菜类、豆制品类。

**用量**

橄榄油
3 勺

梅子汁
2 勺

盐
适量

黑胡椒
适量

Tips

将 3 ~ 5 颗话梅和 5g 红糖一起放进苹果醋中，浸泡 15 分钟后也是同样美味的梅子醋了哦。

# 芥末籽沙拉酱汁

- **基本作法**：将法式第戎芥末酱与橄榄油、盐与黑胡椒混合即可。

- **延伸作法**：可加入适量柠檬汁增加酸度，或加入半个苹果泥增加浓稠度和香甜水果的口感，也可以加入少量酱油和味啉将其变化为欧式与亚洲式沙拉酱汁混搭风格的沙拉酱汁。

- **适合沙拉的种类**：一般肉类、海鲜类或蔬菜类沙拉均适合使用此种酱汁。

## Tips

不同于中式、日式芥末的"呛"，法式芥末酱带点微酸的滋味，在法国就有一百多种。法国的沙拉酱汁常会加入芥末调味，最常用法是直接当作蘸酱。

### 用量

| 橄榄油 | 第戎芥末酱 | 盐 | 黑胡椒 |
|---|---|---|---|
| 3勺 | 2勺 | 适量 | 适量 |

# 中式沙拉汁

- **基本作法**：蒜切成碎，加入盐（或酱油）、米醋、芝麻油调匀即可。

- **延伸作法**：喜欢麻辣口味的还可以加入花椒油、辣椒油等。

- **适合沙拉的种类**：蔬菜类、肉类、海鲜类。

## 用量

| 生抽 | 米醋 | 芝麻油 | 大蒜 |
|---|---|---|---|
| 2勺 | 2勺 | 2勺 | 2瓣 |

**Tips**

　　如果你不热爱本土特色的沙拉酱汁，又何以谈世界风呢？这款酱汁不仅健康低脂肪，还很适合中老年人的口味，适宜凉拌蔬果，简单而不落俗套。

## 日式芝麻沙拉汁

- **基本作法**：日式焙煎芝麻酱中加入生抽、米醋、芝麻油和糖，少量水或柠檬汁调匀即可。

- **延伸作法**：如果希望味道更浓郁，可加入切碎的洋葱、姜和蒜（各1勺），更适合搭配日式的鱼类沙拉。

- **适合沙拉的种类**：蔬菜类、海鲜类。

Tips

如果希望这道沙拉酱的口感更丰富，可以将黑白芝麻在平底锅上用小火稍微烘焙一下，用搅拌机打碎后混入沙拉酱中，芝麻的香味更浓郁突出哦！

用量

糖
1勺

生抽
2勺

米醋
2勺

芝麻油
2勺

日式焙煎
芝麻酱
2勺

# 泰式沙拉汁

- **基本作法**：切碎的小朝天红辣椒，姜、蒜切成末，加入柠檬汁（或青柠汁），糖、盐、鱼露和食用油调匀。

- **延伸作法**：也可以加入香菜末和香葱末。

- **适合沙拉的种类**：蔬菜类、肉类。

**用量**

蒜末
1 勺

糖
1 勺

盐
适量

姜末
1 勺

小朝天红辣椒
3 勺

柠檬汁
3 勺

鱼露
1 勺

食用油
1 勺

# 韩式沙拉汁

- **基本作法**：姜蒜剁成蓉，加入辣椒粉（或韩式辣酱）、鱼露（或米醋）、盐、糖调匀。

- **延伸作法**：如果喜欢更辛辣的口感，可以加入剁碎的洋葱。

- **适合沙拉的种类**：蔬菜类、肉类、海鲜类。

## Tips

这道沙拉酱不但可以用来拌食各种风味的沙拉，还可以当作腌制韩式泡菜的酱料哦！只要将酱汁一层层均匀地抹在喜欢的青菜上，经过一段时间的腌制，可口开胃的泡菜就可以吃啦！

### 用量

蒜末
2勺

糖
1勺

姜末
1勺

鱼露
2勺

盐
适量

辣椒粉
2勺

**▶果味沙拉酱汁** 水果形态各异，味道不同，将不同的水果或榨汁或研磨作为沙拉汁调配在沙拉中，除了能让沙拉散发迷人的水果清香，从营养学的角度上也是一种更合理的选择。下面提供几种水果汁的作法给大家。

## 猕猴桃沙拉酱

- **基本作法**：将猕猴桃、洋葱切好后用搅拌机打碎，加入米醋、蜂蜜和盐混合均匀即可。

- 适合蔬菜类的沙拉。

### 用量

| 米醋 | 猕猴桃 | 蜂蜜 | 盐 |
|---|---|---|---|
| 米醋 | 猕猴桃 | 蜂蜜 | 适量 |
| 1勺 | 1个 | 1勺 | 洋葱 |
| | | | 1个 |

Tips

如果喜欢清新的口感，可以将这道沙拉酱里的米醋换成柠檬汁，更添清香哦！

# 柠檬沙拉酱

- **基本作法：** 将柠檬、洋葱、酸黄瓜细细切碎后加入糖、盐、米醋混合均匀即可。

- 适合蔬菜类和海鲜类的沙拉。

Tips

喜欢酸辣口味的你，不妨在这道柠檬沙拉酱里加一点切碎的小红辣椒，可口又开胃呢!

用量

| 糖 适量 | 盐 适量 |

| 米醋 1勺 | 柠檬 1个 | 酸黄瓜 0.5个 | 洋葱 0.5个 |

# 菠萝沙拉酱

- **基本作法**：将菠萝、洋葱、酸黄瓜用搅拌机打碎后加入橄榄油、蜂蜜、柠檬汁、盐混合均匀即可。

- 适合蔬菜类、肉类和海鲜类的沙拉。

用量

洋葱
0.5 个

菠萝
0.25 个

酸黄瓜
0.5 个

柠檬汁
1 勺

橄榄油
1 勺

蜂蜜
1 勺

盐
适量

## 苹果柠檬沙拉酱

- **基本作法**：将苹果、柠檬用搅拌机打碎后加入糖和芝麻混合均匀即可。

- 适合蔬菜类和水果类的沙拉。

Tips

　　苹果切开后很容易氧化，但是在搅拌苹果时加点盐，就能很好地预防氧化变黑了，而且盐还能提味呢！

**用量**

糖
1 勺

苹果
0.5 个

柠檬
0.5 个

芝麻
1 勺

# 草莓酸奶沙拉酱

- **基本作法**：将草莓切碎加入酸奶、糖、柠檬汁混合均匀即可。

- 适合水果类、蔬菜类的沙拉。

## 用量

糖
2勺

柠檬汁
2勺

酸奶
1杯

草莓
5个

**Tips**

香甜的草莓混入酸奶中，本身就是一道可口的沙拉，如果加上其他莓类水果，如蓝莓、红莓、蔓越莓等，色彩更缤纷好看，营养更全面丰富哦!

## 柚子沙拉酱

- **基本作法**：将柚子果肉取出掰小，加入柠檬汁、糖、盐、醋混合均匀即可。

- 适合蔬菜类、海鲜类沙拉。

Tips

新鲜制作的柚子沙拉酱不宜保存，将柚子，少部分柚子皮，蜂蜜加热进行熬煮，使酱汁变得浓稠后用干净的玻璃瓶密封保存，既可以用作沙拉的拌酱也可以加水冲成柚子茶饮用哦！

用量

糖
1 勺

盐
适量

米醋
1 勺

柠檬汁
2 勺

柚子
3 瓣

# 10 周 70 道
## 神奇美味沙拉

# PART 3

亲爱的姐妹们，菠菜在很多沙拉中都充当配角，今天小女王要让菠菜摇身一变成为主角，就是这道和蜜桃搭配的菠菜蜜桃沙拉哦！快来和小女王一起学习制作这道简单又美味的沙拉吧，而且热量超低哦，只有不到200千卡呢！

## 沙拉主角——菠菜

菠菜是四季都有的蔬菜，以春季为佳，其根红叶绿，鲜嫩异常，尤为可口，近年来，菠菜被推崇为养颜佳品。被民间列为"十大养颜美肤食物"之一。菠菜焯熟后软滑易消化，特别适合老人、身体虚弱的人群食用，电脑工作者以及爱美的人士也适宜多吃菠菜。

# 菠菜蜜桃沙拉

▶材料 + 自制沙拉汁

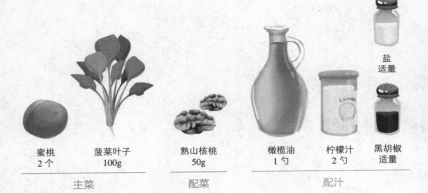

| 蜜桃 | 菠菜叶子 | 熟山核桃 | 橄榄油 | 柠檬汁 | 黑胡椒 |
| 2个 | 100g | 50g | 1勺 | 2勺 | 适量 |
| 主菜 | | 配菜 | 配汁 | | |

盐
适量

▶开始制作美味吧

**Step1** 菠菜洗净择出叶子，入沸水焯熟，取出滤干水分。蜜桃去皮切小块。

**Step2** 熟山核桃用平底锅稍微烘一下，更松脆。将菠菜，蜜桃和山核桃放在沙拉碗中。

**Step3** 橄榄油、柠檬汁、盐和黑胡椒调成汁，淋在食材上即可。

Tips
如果不喜欢吃带咸味的蜜桃，可先将菠菜和山核桃用沙拉汁拌好，蜜桃放在上面即可。另外，哈佛大学一项研究发现，每周食用2～4次菠菜的中老年人，可大大降低视网膜退化的危险哦。

⬇沙拉小女王励志宣言
我跟你们说哦，不要因为减肥影响了学习和工作，减肥是为了我们的生活更加美好！

一周的工作才刚刚开始，一定要给自己补充能量。所以一道健康可口的蔬菜沙拉就是必不可少的了。今天要给大家介绍一道简单易做的扁豆沙拉，吃大餐前先用它来做个铺垫吧！这道沙拉的热量只有250千卡哦！

## 沙拉主角——扁豆

扁豆是夏天盛产的蔬菜，含有各种维生素和矿物质。嫩豆荚肉质肥厚，炒食脆嫩，也可烫后凉拌或腌泡。扁豆含丰富维生素 B、C 和植物蛋白质，能使人头脑宁静、调理消化系统、消除胸膈胀满。尤其适合痰湿体质的朋友食用哦。

# 扁豆番茄沙拉

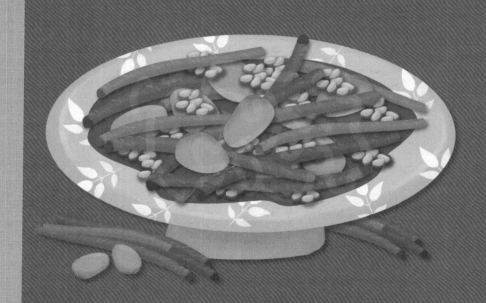

▶材料 + 自制沙拉汁

| 扁豆<br>250g | 熟杏仁<br>1 把 | 小西红柿<br>10 个 | 橄榄油<br>2 勺 | 米醋<br>1 勺 |
|---|---|---|---|---|
| 主菜 | 配菜 | | 配汁 | |

▶开始制作美味吧

**Step1** 扁豆去筋后在盐水中煮 2 分钟左右至软为止。滤干水分。

**Step2** 用烤箱或平底锅将小西红柿稍微烤或煎一下，表皮变皱即可。与扁豆一起摆盘。

**Step3** 混合橄榄油和醋，淋在扁豆和小西红柿上。撒上杏仁即可。

**Tips**

扁豆一定要焯透，以防止中毒；如果用平底锅煎小西红柿，不要放油哦！

生的西红柿维生素 C 丰富，熟的番茄红素丰富，食用时可按需烹调。

⬇沙拉小女王励志宣言

真正的爱情不是一起慢慢变老，而是为 ta 默默减肥！

亲爱的姐妹们，你们可知道世界各地都有火腿这种食材吧，欧洲以意大利和西班牙的火腿最为有名，而咱们中国当然就是云南的宣威火腿和浙江的金华火腿啦！不过在中国火腿通常都是用来入汤或者和蔬菜搭配炒食，很少用来制作沙拉。今天小女王就要教大家一道火腿南瓜沙拉，兼有火腿的干香又有南瓜的软糯，是一道特别的沙拉哦，而且热量只有 550 千卡呢！

### 沙拉主角——火腿

火腿内含丰富的蛋白质和适度的脂肪，十多种氨基酸、多种维生素和矿物质；火腿制作经冬历夏，经过发酵分解，各种营养成分更易被人体所吸收，具有养胃生津、益肾壮阳、固骨髓、健足力、愈创口等作用。

## 火腿南瓜沙拉

▶材料 + 自制沙拉汁

风干火腿
200g

南瓜
1个

菠菜叶子
50g

小胡桃
20g

香葱
1根

主菜

配菜

▶开始制作美味吧

米醋
1勺

蜂蜜
1勺

黑胡椒
适量

盐
适量

配汁

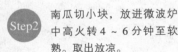

Step1　将火腿切薄片，每两片之间用一张厨房纸隔开，放进盘子中，微波炉高火转2～4分钟至表面焦脆即可。取出放凉待用。

Step2　南瓜切小块，放进微波炉中高火转4～6分钟至软熟。取出放凉。

Step3　将黑醋（或米醋），蜂蜜，盐和黑胡椒调匀成汁待用。

Step4　菠菜洗净只留叶片，滤干水分，香葱切葱花，小胡桃掰成小块。将以上所有食材混合，淋上沙拉汁即可。

Tips　搭配全麦面包食用也很美味哦！

🔻沙拉小女王励志宣言
管住自己的嘴才能展现自己的美。

大家都知道胡萝卜是一种非常健康的食物，可也许它太普通太平凡了，所以各种烹饪方法都用了个遍，今天小女王想介绍给大家的这道姜丝胡萝卜沙拉可不那么普通哦，秘诀就是小女王用了一种特别的沙拉汁，想知道是什么吗？现在就来和小女王学习一下吧！这道沙拉非常适合喜爱素食的姐妹们，它的热量只有 300 千卡哦！

### 沙拉主角——胡萝卜

胡萝卜可谓是老幼皆宜的好菜蔬，卷称"小人参"。其中最负盛名的成分就是胡萝卜素，胡萝卜素转变成维生素 A，有助于增强机体的免疫力，在预防上皮细胞癌变的过程中具有重要作用。据有关科学家证明，每天如果能吃一定量的胡萝卜，对预防癌症大有益处。

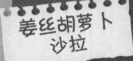

姜丝胡萝卜沙拉

▶材料 + 自制沙拉汁

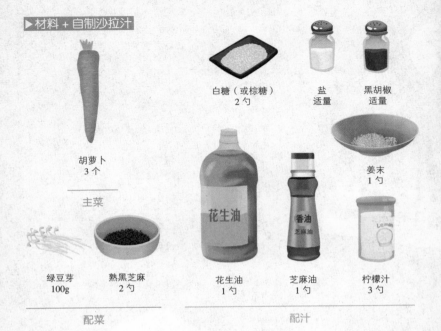

白糖（或棕糖）
2勺

盐
适量

黑胡椒
适量

胡萝卜
3个

姜末
1勺

———— 主菜 ————

花生油

香油
芝麻油

柠檬汁

绿豆芽
100g

熟黑芝麻
2勺

花生油
1勺

芝麻油
1勺

柠檬汁
3勺

———— 配菜 ————

———— 配汁 ————

▶开始制作美味吧

**Step1** 胡萝卜切丝。绿豆芽择去尾部，洗净，滤干水分。

**Step2** 混合柠檬汁、花生油、芝麻油、姜末和糖，加盐和黑胡椒调味。

**Step3** 拌好胡萝卜丝和绿豆芽。将调好的沙拉汁淋在上面，最后撒上芝麻。

⬇沙拉小女王励志宣言

**Tips** 可以加上腐竹丝和黄瓜丝，味道更好哦！

姐在减肥的过程中，与你共赴盛宴，不要居心勾引，在我眼前称颂饮食的厚味。谢谢！

第④天　053

亲爱的姐妹们，橘子可是一种非常可爱的水果呀，它多汁芳香、酸甜可口，无论是随手剥来吃，还是和其他水果做成沙拉吃起来都会让人感觉非常惬意，不过今天小女王要介绍给大家的是一道橘子培根沙拉哦，只保留了果肉的橘子和煎过的培根搭配，果香和动物油脂的香结合在一起非常的美妙而独特哦，而且这道沙拉的热量只有450千卡，快来试试吧！

## 橘子培根沙拉

### 沙拉主角——橘子

橘子富含维生素C与柠檬酸，前者具有美容作用，后者则具有消除疲劳的作用。如果把橘子内侧的薄皮一起吃下去，除维生素C外，还可摄取膳食纤维——果胶，它可以促进通便，并且可以降低胆固醇。经常食用橘子除对健康有益外，还能长保青春哦。

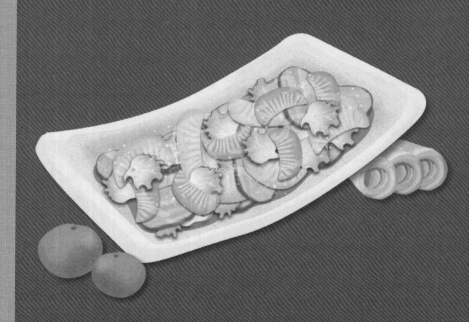

▶材料 + 自制沙拉汁

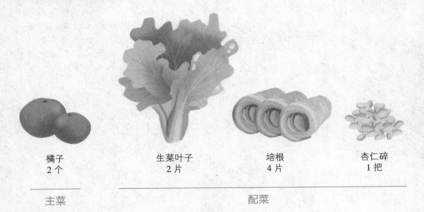

| 橘子<br>2个 | 生菜叶子<br>2片 | 培根<br>4片 | 杏仁碎<br>1把 |

主菜          配菜

▶开始制作美味吧

**Step1**　橘子剥出橘瓣，去表皮和筋，切成整齐的形状。

**Step2**　培根在平底锅中煎至焦黄，用厨房纸吸去油分后切小片。

**Step3**　生菜撕成小片与橘子、培根和杏仁碎一起放进沙拉碗中拌匀即可。

**Tips**
这是一道完全不用沙拉汁的沙拉，如果姐妹们喜欢更丰富的口感，可以挤一些柠檬汁调味。

↓沙拉小女王励志宣言
姐最大的悲伤就是每次看到网店上纤瘦的模特穿着自己心仪的服饰果断下单，收到衣服的第一时间换上新衣对镜欣赏的时候，姐的心都碎了。告诉自己，你没模特的小身材就别辛苦人家快递员了。

嗨，姐妹们，周末好，和大家聊了这么久的沙拉，很多时候都是把沙拉当作主菜甚至主食来介绍的，其实沙拉最初的功能是开胃，主菜通常是肉类或者较油腻的食物，所以需要清爽可口的沙拉来帮助打开胃口，减轻油腻感。例如现在要教给大家的这道烤西葫芦鲜虾柠檬沙拉就是这样，经过轻微煎过的虾和略略烤过的西葫芦散发出更加迷人的香味，而以柠檬汁为主的调味汁酸度适中却能调节沙拉的味道，起到开胃的作用，加上一点沙拉蔬菜，真是荤素搭配的完美典范呢，而且热量不到 600 千卡哦！

## 烤西葫芦鲜虾柠檬沙拉

### 沙拉主角——西葫芦

别看西葫芦一个个圆乎乎，貌似葫芦娃，看着并不苗条，但是它却有瘦身的功效呢，除此之外，西葫芦还含有丰富的维生素，对面色暗黄的人群有很好的调节功效，能改善皮肤的颜色，补充肌肤的养分，扫除脸上的暗沉。这可不是广告，这是事实哦！

▶ 材料 + 自制沙拉汁

盐
适量

黑胡椒
适量

柠檬
2 个

西葫芦
2 个

鲜虾
20 个

蔬菜
50g

酸奶油
0.25 杯

第戎芥末酱
2 勺

橄榄油
2 勺

主菜　　　　　　配菜　　　　　　　　　　配汁

▶ 开始制作美味吧

 **Step1**　西葫芦切片，在烤盘或平底煎锅上轻刷一层橄榄油，待锅热后将西葫芦放进锅中，每面煎 2 ~ 3 分钟，变软即可。

 **Step3**　沙拉汁的做法：柠檬取汁，加入酸奶油和第戎芥末酱，盐和黑胡椒及一勺温水，搅拌沙拉汁至均匀。

 **Step2**　鲜虾去头、壳、虾线，在烤盘上再刷一层油，将虾煎熟，5 分钟左右即可。

 **Step4**　在沙拉碗里放入煎好的西葫芦，虾和沙拉蔬菜，调入沙拉汁即可享用咯！

Tips

蔬菜是总称，大部分叶子菜都可以做沙拉蔬菜使用，比较常见的有菠菜，莴苣，法国生菜，包心生菜，苦苣，绿色卷须生菜等。可以根据自己的喜好随意搭配哦！

↓ 沙拉小女王励志宣言

好吧，瘦不下去，你就继续在胖子界混吧，反正世界上胖子这么多，也不差你一个！激将法，有木有？？？

第 6 天　　057

神奇美味沙拉
10 周 70 道

亲爱的姐妹们，你们是不是和我一样，在炎热的夏季经常没有胃口吃不下东西？但是如果一盘酸甜可口色彩丰富的沙拉放在我的面前，也许我就会胃口大开，食指大动了哦！今天要介绍给大家的就正是这样一道能触动你食欲的沙拉——油桃青柠沙拉！酸甜适中的油桃搭配上清香迷人的青柠和辛辣刺激的洋葱，难道不想马上试一下吗？而且这道沙拉的热量超低哦，只有300千卡呢！

### 油桃青柠沙拉

**沙拉主角——油桃**

油桃由桃子改良栽培而成，比桃子甜、营养也丰富一些。一个新鲜油桃所含的维生素C几乎可以满足成人一天所需。油桃的皮比桃子光滑、没有讨厌的绒毛。油桃中的其他营养元素还能起到止咳化痰、补气健肾、延年益寿等功效哦。

▶材料 + 自制沙拉汁

油桃　　　青柠
6 个　　　2 个

洋葱　　　新鲜红辣椒
0.5 个　　1 根

———————　　　　　———————
　　主菜　　　　　　　　配菜

糖　　　　盐　　　黑胡椒　　青柠汁　　特级初榨橄榄油
1 勺　　适量　　适量　　　1 勺　　　3 勺

———————————————————————————
配汁

▶开始制作美味吧

 **Step1**　油桃洗净去核切成四块。

 **Step2**　青柠去皮去核取果肉。

 **Step3**　洋葱切细丝，新鲜红辣椒去
籽切细丝。

**Step4**　混合青柠汁，橄榄油，糖，盐
和黑胡椒，调成沙拉汁。油桃、
青柠肉、洋葱和红辣椒拌匀，
将沙拉汁淋在上面即可。

**Tips**　　如果觉得青柠太酸无
法入口，可提前将青柠肉
用蜂蜜或糖腌渍一晚上，放冰箱冷
藏哦！

⬇ 沙拉小女王励志宣言

受闺蜜的影响，我要减肥。受杂
志美女的刺激，我要减肥。受商
店美丽衣服的诱惑，我要减肥。
总之，我要减肥。

姐妹们，这么快就进入第2周了，第1天的彩虹沙拉希望给你带来好心情。缤纷的色彩、娇美的形状，总是带给人美好的遐想，这么一道如彩虹般美丽的沙拉摆在你的面前时，亲爱的姐妹们会不会也很有食欲呢，重要的是，健康又低热量哦，你知道吗，它的热量不到500千卡哦！

## 彩虹沙拉

### 沙拉主角——紫甘蓝

紫甘蓝就是姐妹们熟知的紫色的卷心菜哦，这是一种十分美好的食材，尤其对女性来说非常有益。紫甘蓝富含抗氧化和抗衰老的维生素E和维生素A前身物质——β胡萝卜素，硫元素，能够止痒消炎，对容易皮肤瘙痒的姐妹很有帮助，而且最重要的是紫甘蓝含有丰富的纤维素，多多食用的话能促进肠道蠕动，预防便秘哦！这样好的美容瘦身佳品，姐妹们快来试试吧！

▶材料＋自制沙拉汁

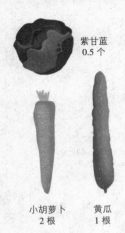

青柠汁
2 勺

紫甘蓝
0.5 个

洋葱
1 个

姜
2 片

小胡萝卜
2 根

黄瓜
1 根

菠菜叶子
50g

米糠油
2 勺

泰式甜辣酱
2 勺

| 主菜 | 配菜 | 配汁 |
| --- | --- | --- |

▶开始制作美味吧

Step1　紫甘蓝、胡萝卜、黄瓜、洋葱切细丝，菠菜择出叶子洗净焯水，沥去水分，姜片剁细末。

Step2　沙拉汁的做法：混合米糠油、泰式甜辣酱、青柠汁、姜末。

Step3　把沙拉汁浇在混合好的食材上！食指大动吧！

Tips

　　姐妹们，今天沙拉的调和油用的是米糠油—rice bran oil，它没有橄榄油特有的香味却是一款非常健康的油品哦！它提取自稻米中的米糠，是稻米中最富营养的部分，其中谷维素是非常良好又天然的抗氧化剂。在日本、澳大利亚和欧美各国都很流行，听说日本的女性还用来美颜呢！

⬇ 沙拉小女王励志宣言

绝不是老生常谈呀，只有懒女人，没有不爱美的女人！加油吧，Ladies！

对于喜欢美食又担心发胖的姐妹来说，如何兼顾美味和营养但又健康不发胖实在很让人头疼，但其实也不会那么难哦，比如今天带给大家的这道烤鸡胸芦笋沙拉，口感丰富却又清爽可口，让喜欢肉食的姐妹也能满意哦！最重要的是热量却只有600千卡，怎么样，要不要马上试一试呀？

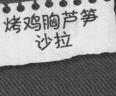

## 烤鸡胸芦笋沙拉

### 沙拉主角——芦笋

芦笋这几年在国内渐渐为人熟知，日常餐桌上也可以常见其靓丽的身影。爱美的姐妹们，你们知道吗？食用芦笋的好处多多哦，不但具有排毒抗衰老的功效，还可以预防癌症，减少疼痛和炎症，还可以预防骨质疏松，这对女性尤其是当过妈妈的女性非常重要哦！

▶材料 + 自制沙拉汁

芦笋
2 束

去皮鸡胸
1 块

樱桃番茄
10 个

烤杏仁
10 粒

大蒜
2 瓣

橄榄油
1 勺

柠檬汁
0.5 杯

————— 主菜 —————  ——— 配菜 ———  ————— 配汁 —————

▶开始制作美味吧

 **Step1**　去皮鸡胸肉洗净，用厨房纸吸去水分，用盐、黑胡椒、蜂蜜腌制 10 分钟，烤箱预热 180 度，放进烤盘烤 20 分钟，中间翻面使之受热均匀，两面呈金黄色即可，待凉后切薄片或者用手撕成细条。

 **Step2**　芦笋放进沸水中煮 2 分钟，变软后取出，冷水冲洗，擦干，切成 5 厘米的小段。

 **Step3**　樱桃番茄对半切开，烤杏仁碾碎。大蒜切碎。

 **Step4**　酱汁的做法：混合柠檬汁、橄榄油、蒜末、用盐和胡椒调味，混合均匀后淋在准备好的食材上。开动吧！

**Tips**　如果嫌麻烦不愿意制作烤鸡，本女王可教你一招简单的！冷水里加入适量的花椒、姜片、半个八角、盐和一些料酒，烧开后放入鸡胸肉煮熟，凉了以后擦干水分切薄片，中式口感一样不错哦！

🔽 沙拉小女王励志宣言

没有人喜欢不健康的女人，包括你自己！为了镜中那个你自己都要忍不住爱上的人，努力奋斗吧！

第❷天

亲爱的姐妹们，豆腐可是咱们中国人日常生活中必不可少的食材，比如小女王自己就是一天不吃豆腐或豆制品都觉得生活不完整呢！哈哈，这当然是玩笑话，可是豆腐确实是非常有益健康的食品，姐妹们要和小女王一起开动脑筋，多发掘些豆腐的做法，让这种美好健康的食物获得更多人的喜爱！今天就教大家一道非常简单易做的煎豆腐沙拉，它的热量仅仅 350 千卡哦！

# 煎豆腐沙拉

## 沙拉主角——豆腐

豆腐可是素食界的娇宠，历来受到人们的欢迎。因其营养丰富，含有铁、钙、磷、镁等人体必需的多种微量元素，还含有糖类、植物油和丰富的优质蛋白，固有"植物肉"的美誉。所以豆腐是所有爱美女性尤其是孕产妇、肥胖、皮肤粗糙者的美味最佳选择。不过豆腐含嘌呤较多，痛风病人及血尿酸浓度增高的患者可要慎食哦。

▶材料 + 自制沙拉汁

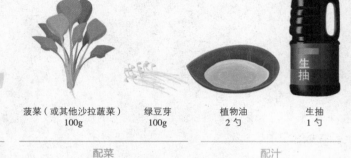

| 豆腐<br>1 块 | 菠菜 ( 或其他沙拉蔬菜 )<br>100g | 绿豆芽<br>100g | 植物油<br>2 勺 | 生抽<br>1 勺 |
| --- | --- | --- | --- | --- |
| 主菜 | 配菜 | | 配汁 | |

▶开始制作美味吧

**Step1** 豆腐切 2cm 左右的小块，平底煎锅上倒植物油，将豆腐煎至焦黄时喷上酱油，倒出放凉后待用。

**Step2** 蔬菜洗净撕小片，菠菜焯水，冲凉控水，绿豆芽去尾部洗净滤去水分。

**Step3** 蔬菜放在沙拉碗或盘中，煎好的豆腐和绿豆芽放在其上，将煎豆腐剩下的油洒在整碗沙拉上。即可享用！

**Tips** 这道沙拉的特点是少油少盐清淡可口，如果口味稍微重点的姐妹们可以加一些剁椒碎或者坚果碎丰富口感哦！

↓沙拉小女王励志宣言
女人不对自己狠心，男人就会对女人狠心～（艾玛，真残酷！）

许多姐妹们都偏好甜味食物，确实甜食能给人以愉悦和幸福感，但是多食不宜，热量高，宜发胖，是女性健康美丽的大隐患。相反苦味食物却很少惹人喜爱，也许姐妹们有所不知，苦味食物其实益处多多，比如苦味食物富含无机化合物和生物碱，以及大量的氨基酸，能够缓解神经疲劳，还能排毒养颜，清心明目。在夏天食用，更可以消热防暑。所以亲爱的姐妹们，让我们做个爱"吃苦"的人吧。这道沙拉的热量是 450 千卡哦！

## 苦苣鱼肉沙拉

### 沙拉主角——苦苣

姐妹们可能有所不知，苦苣可是一种出色的保健食品哦。苦苣的白浆中含大量维生素 C 以及各种类黄酮成分。据说常食含苦苣的食品可防治多种细菌或病毒引起的感染症以及提高人体免疫能力。听朋友说国外还出售苦苣菜汁饮料、苦苣营养饼干、苦苣色拉酱等饮料和食品，这么惹人爱的蔬菜当然要成为本女王沙拉里的主角呀。

▶材料 + 自制沙拉汁

青柠
2个

盐
适量

黑胡椒
适量

无骨鱼肉
300g

土豆
3个

水萝卜
10个

薄荷
1束

苦苣
1颗

小尖椒
1根

黄瓜
1根

香菜
1束

小葱
1束

橄榄油
15g

主菜　　　　　　　　　配菜　　　　　　　　　配汁

▶开始制作美味吧

Step1　鱼肉切 2mm 厚的片，青柠取汁。将鱼肉放进碗中，用青柠汁腌 20 分钟左右。

Step2　土豆放进沸水中煮至软熟，取出晾干。切成和鱼肉一样厚的块。

Step3　清水洗净其他食材。苦苣取叶子，黄瓜切片，水萝卜对半切开，香菜和薄荷切碎，小尖椒去籽切碎，小葱切葱花。

Step4　腌好的鱼取出，擦干汁水。和所有处理好的食材一起放在沙拉碗中，拌匀。沙拉汁的做法：用剩下的青柠汁加上尖椒碎、葱花，混合橄榄油、盐和黑胡椒，搅拌均匀。将沙拉汁淋在拌好的食材上。

Tips　鱼肉可以选用任意一种新鲜的，三文鱼、吞拿鱼、鲷鱼皆可。判断鱼肉是否新鲜的最简单办法就是用手指轻触鱼肉，感受其弹性，如果手指轻按下去鱼肉不能恢复，即说明已经不新鲜，不建议食用。

　沙拉小女王励志宣言

减肥任重道远，但需循序渐进，哪怕一个月才减 2 斤，一年也能瘦 24 斤。一年不见面，再见本女王又是一枚窈窕美女耶！

第4天　　067

亲爱的姐妹们，众所周知，海带是一种非常健康又营养丰富的食物，各种烹饪方法都能激发它的美味，不过小女王个人最喜欢的还是用海带做成各种沙拉。所以今天小女王就教大家一道简单易做的海带沙拉，这道沙拉不同于一般的凉拌海带，因为它的沙拉汁是用特别的苹果汁和柠檬汁调配的哦，非常的特别呢！而且热量只有300千卡哦！

**沙拉主角——海带**

海带素有"长寿菜"、"海上之蔬"、"含碘冠军"的美誉，从营养价值来看，是一种保健长寿的食品。这种带着大海味道的食物不仅能有效抑制肥胖，还能清除身体内的各种重金属，是缓解压力的良品哦。

## 海带沙拉

▶材料 + 自制沙拉汁

柠檬
1 个

苹果汁
3 勺

柠檬汁
3 勺

海带丝
200g

洋葱
0.5 个

白糖
1 勺

芝麻
1 勺

| 主菜 | 配菜 | 配汁 |
| --- | --- | --- |

▶开始制作美味吧

**Step1** 海带丝洗净，用水泡 20 分钟左右，取出滤干水分待用。

**Step2** 洋葱切细丝，柠檬对半切开，再切成半月形薄片。

**Step3** 将柠檬铺在盘底，海带丝和洋葱丝放在上面。

**Step4** 将苹果汁，柠檬汁，白糖和芝麻混合成沙拉汁，浇在海带丝上。

**Tips** 吃海带后不要马上喝茶，也不要立刻吃酸涩的水果。因为海带中含有丰富的铁，以上两种食物都会阻碍体内铁的吸收。

⬇沙拉小女王励志宣言

喜欢高筒靴吗？如果你不减掉葫芦腿上的赘肉，靴子的拉链就永远没法拉到头！

姐妹们，都说水果和蔬菜混搭的沙拉最不好做，因为要兼顾水果和蔬菜不同的特点和味道，就好比今天这道蜜瓜鲜虾沙拉，有清甜的蜜瓜，芬芳的黄桃，鲜甜的虾和辛辣的洋葱，可是尝过一口后就知道它们搭配在一起是多么的完美，现在就和小女王一起动手准备吧！这道好吃又营养的沙拉，热量才只有450千卡哦！

## 蜜瓜鲜虾沙拉

### 沙拉主角——蜜瓜

蜜瓜可不是哈密瓜，它们都是甜瓜，不过蜜瓜就比哈密瓜更温和、能止渴、除烦热、利小便。买的时候要注意，用鼻子嗅瓜，一般有香味，且成熟度适中；无香味或香味淡薄的则成熟度较差，可放些时间后食用。蜜瓜既是水果，又可当菜，营养丰富，具有开胃润肺清热等功效。享有"香如桂花，甜似蜂蜜"的美誉。

▶材料 + 自制沙拉汁

鲜虾
500g

洋葱
0.5 个

蜜瓜
0.5 个

罐头黄桃
250g

鲜薄荷
1 束

红酒醋
3 勺

棕糖
2 勺

| 主菜 | 配菜 | 配汁 |

▶开始制作美味吧

**Step1** 蜜瓜去皮切 1cm 左右的块，黄桃切薄块，鲜虾去虾线和头，在沸水中煮熟取出晾凉。

**Step2** 洋葱切细丝，薄荷洗净滤水擦干。

**Step3** 用小锅加热红酒醋和棕糖至糖完全融化，再烧 3 ~ 4 分钟至浓稠。关火放置 15 分钟至凉。

**Step4** 在沙拉碗中混合蜜瓜、虾、黄桃、洋葱和薄荷，用少量黑胡椒调味，最后淋上沙拉汁。

**Tips** 棕糖可以用白糖代替，但是会少了一点焦香哦！

⬇沙拉小女王励志宣言
只有女人的身材变成 S 形，男人才会直线形地走近你。

也许有的姐妹会说，天天都是果蔬，实在太容易饿了，这个时候，我们需要一些碳水化合物来增加饱腹感，so，今天就教给大家一道苹果米香沙拉，果香扑鼻的同时还能满足喜爱米饭的姐妹的需要哦！最重要的是，如此美味又爽口的沙拉热量只有 670 千卡哦！

**PART 3**

### 沙拉主角——长粒米

长粒米不太同于我们日常熟知的东北大米，它没有那么软糯的口感，但是有嚼劲，也更容易吸附其他食材和调料的味道，非常适用于沙拉中。最重要的是，长粒米与普通大米相比，麸质更少，对于某些麸质过敏的朋友们更加适宜哦！

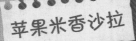

# 苹果米香沙拉

► 材料 + 自制沙拉汁

大苹果
1 个

无籽葡萄干
20 粒

盐
适量

黑胡椒
适量

半碗煮熟的长粒米
0.5 碗

长生菜叶子
4 匹

西芹
1 匹

特级初榨橄榄油
2 勺

白米醋
1 勺

| 主菜 | 配菜 | 配汁 |

► 开始制作美味吧

Step1　长粒米可提前煮好，打散，放凉。

Step2　洗净生菜，西芹切成小片或小块，无籽葡萄干用清水淘下，厨房纸吸干水分。苹果洗净切小块。

Step3　混合特级初榨橄榄油、白米醋、盐和黑胡椒，使之均匀。

Step4　混合以上食材，加沙拉汁调味。开吃吧！

**Tips**

长粒米英文是 LONG-GRAIN RICE，可在一般的进口食品超市买到，煮的时候不需要太多水。可一次多煮一些，使用不完的可存放在保鲜盒中。

沙拉配料里也可以加入一些香味浓郁的干果，如小核桃碎、花生碎、杏仁碎，营养更丰富，口感更好哦！

🔽 沙拉小女王励志宣言

减肥开头难，坚持更难，为了来年的夏天瘦成一道闪电，就从今天的沙拉开始吧！

第 7 天　　073

亲爱的姐妹们，大家都知道蓝莓是对女性健康美容最有益的水果之一。它的模样非常的惹人喜爱，圆圆的，表皮上仿佛有层薄雾似的果粉，味道也酸酸甜甜的。所以今天小女王就教大家一道橙香蓝莓沙拉，这道沙拉就是个水果大派对哦，蓝莓、草莓、西瓜、蜜瓜加上鲜榨的橙汁，简直太美好啦！而且热量只有250千卡呢！

沙拉主角——蓝莓

在我们生活中，含有蓝莓或是蓝莓口味的食品越来越多，蓝莓果实含有丰富的营养成分，属高氨基酸、高锌、高钙、高铁、高铜、高维生素的营养保健品。它不仅具有良好的营养保健作用，还具有防止脑神经老化、强心、抗癌、软化血管、增强人的肌体免疫等功能，其营养价值远高于苹果、葡萄、橘子等水果。

## 橙香蓝莓沙拉

► 材料 + 自制沙拉汁

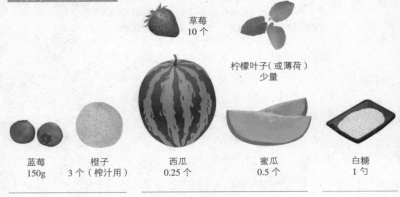

草莓
10个

柠檬叶子(或薄荷)
少量

蓝莓
150g

橙子
3个(榨汁用)

西瓜
0.25个

蜜瓜
0.5个

白糖
1勺

主菜　　　　　　　配菜　　　　　　配汁

► 开始制作美味吧

**Step1** 橙子榨汁，加糖后在火上加热 2 ~ 3 分钟至糖完全融化。20 分钟以后，待橙汁变稠为止。放凉待用。

**Step2** 蓝莓洗净，西瓜，蜜瓜用小勺挖成小球状，草莓对半切开。将所有食材放进沙拉碗中，淋上橙汁即可。

**Tips**
　　蓝莓皮上的果粉千万不要洗去哦，因为蓝莓中所含的花青素大部分都在果粉里哦！

↓ 沙拉小女王励志宣言
　　我要减到老公出差回来后，开门就认为走错门！

第 1 天　　075

亲爱的姐妹们，不知道你们是否熟悉魔芋这种食物呢？也许南方的姐妹们经常能够吃到，这种几乎没有热量而且纤维质丰富的食物适宜和各种肉类搭配，炖煮起来非常的入味。但是你们知道吗，魔芋也很适合做成沙拉哦，就好比今天小女王要教给大家的这道魔芋豆芽沙拉，清爽可口的豆芽和嚼起来 QQ 的魔芋搭配上黄瓜丝和红辣椒丝，再用韩式辣酱调配的沙拉汁拌匀，超低热量又健康美味哦！热量只有 200 千卡呢！

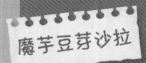

魔芋豆芽沙拉

沙拉主角——魔芋

魔芋是有益的碱性食品，对食用动物性酸性食品过多的人，搭配吃魔芋，可以达到酸、碱平衡，对人体健康有利。魔芋不仅味道鲜美、口感宜人，而且有减肥健身、治病抗癌等功效，所以近年来风靡全球，被人们誉为"魔力食品"哦！

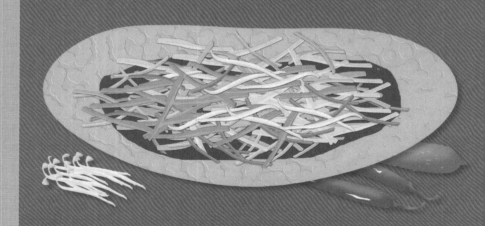

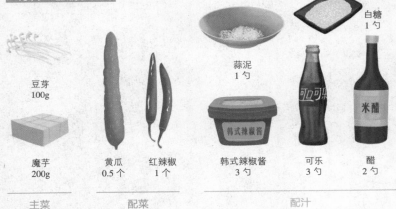

▶材料 + 自制沙拉汁

豆芽
100g

魔芋
200g

黄瓜
0.5 个

红辣椒
1 个

蒜泥
1 勺

韩式辣椒酱
3 勺

可乐
3 勺

白糖
1 勺

米醋

醋
2 勺

主菜　　　　配菜　　　　　　　　　配汁

▶开始制作美味吧

**Step1** 魔芋洗净切细条, 豆芽掐去尾部放在沸水中煮熟, 取出放凉待用。

**Step2** 黄瓜, 红辣椒切细丝。

**Step3** 将韩式辣椒酱, 可乐, 醋, 蒜泥和白糖调成酱。

**Step4** 魔芋, 豆芽, 黄瓜丝和红辣椒丝放在沙拉碗中, 用调好的沙拉酱拌匀即可。

**Tips**
　　煮豆芽时宜加盖煮, 能够去除豆芽的腥味哦, 5 分钟左右为佳。

⬇ 沙拉小女王励志宣言
节假日里大鱼大肉吃得爽吗? 爽完你就后悔去吧, 请回家抱着马桶独自默默的哭泣。

神奇美味沙拉
10 周 70 道

姐妹们对牛肉三明治都不陌生吧,烤的香味扑鼻的牛肉加上鲜脆爽口的蔬菜,全麦面包一夹,太好吃了,不过通常为了让这些食材更好的待在面包里,常常要加上很多的酱:蛋黄酱、千岛酱、芥末酱……热量好高哦,不如我们换种方法,把这些美好的食物重新组合,让它们变得更健康更美味起来,还不容易产生饥饿感哦! 这就是今天小女王要带给大家的牛肉三明治沙拉,虽然有烤牛肉的加盟,可是热量仍然只有600千卡哦!

### 沙拉主角——牛肉

如果我说牛肉是全世界人都爱吃的食品,这句话真是一点也不夸张。牛肉蛋白质含量高,而脂肪含量低,味道鲜美,受人喜爱,享有"肉中骄子"的美称。尤其在寒冬季节,沙拉中常常出现牛肉,既可以补气血又可以暖胃,此乃一道美味的补益佳品哦。

## 牛肉三明治沙拉

▶材料 + 自制沙拉汁

牛肉
250g

小西红柿
5 个

紫洋葱
1 个

盐
适量

黑胡椒
适量

切片面包
6 片

混合沙拉蔬菜
100g

罐装甜菜根
1 听

橄榄油
4 勺

第戎芥末
2 勺

柠檬汁
2 勺

主菜　　　　　　　配菜　　　　　　　　　　配汁

▶开始制作美味吧

Step1　烤盘或平底锅上刷少量橄榄油，将面包放在上面双面烤制，1 分钟左右后呈金黄色即可。撕成小块待用。

Step3　紫洋葱切成小圈，小西红柿对半切开，甜菜根罐头打开滤去水分，切小块，沙拉蔬菜洗净滤水。与准备好的烤面包和烤牛肉放在大沙拉碗里。

Step2　牛肉洗净擦干，涂少量橄榄油，用盐和黑胡椒调味。在烤盘或平底锅上烤 3 ~ 4 分钟，翻面再烤至你喜欢的熟度。取出放凉后切薄片。

Step4　第戎芥末、柠檬汁、少量盐、黑胡椒和 2 勺冷水混合调均。淋在所有食材上即可享用。

Tips

　本道沙拉中也可以加入一些干果如小胡桃碎，花生碎，烤杏仁碎等丰富口感。

⬇沙拉小女王励志宣言

亲，如果你连自己的体重都无法掌控，何以掌控你的精彩人生？！

第 3 天　　079

小女王常常认为，料理食物的最高境界就是把简单易得的食材用不复杂的手法烹饪的美味又健康。例如今天的沙拉就是以蘑菇和南瓜为主角的，再加上些菠菜叶子，清爽口味的同时又能使得这道暗色调的沙拉色彩变得生动起来。对于追求健康美食的姐妹们来说，这道口感独特的沙拉热量只有580千卡呢！

## 沙拉主角——蘑菇

蘑菇是一种非常可爱的食物，长得圆圆胖胖的，像一支支的小伞。它种类丰富，做法多变，又富含营养，生食、煎、炒、炖、炸都很适合，可以当作主菜也适宜与其他食物搭配。蘑菇含有丰富的木质素，可以帮助通便缓解便秘，其含有的维生素 D 利于钙质的吸收，可以强健骨骼哦！

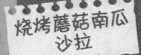

烧烤蘑菇南瓜沙拉

▶材料 + 自制沙拉汁

棕糖
2 勺

白蘑菇
6 个

南瓜
0.5kg

菠菜叶子
50g

橄榄油
4 勺

柠檬汁
3 勺

黑胡椒
适量

主菜　　　　　　　　配菜　　　　　　　　　配汁

▶开始制作美味吧

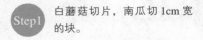

**Step1** 白蘑菇切片，南瓜切 1cm 宽的块。

**Step2** 南瓜放在微波炉的容器中，高火加热 4 分钟。

**Step3** 白蘑菇放在浅盘子中，混合橄榄油，棕糖，盐和黑胡椒，淋在白蘑菇上，放置 5 分钟。加热烧烤盘用中火慢烤 2 ~ 3 分钟。

**Step4** 将处理好的白蘑菇和南瓜放在沙拉碗中，加入菠菜叶子，淋上剩下的调味汁和柠檬汁。即可享用啦！

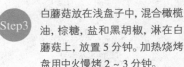

**Tips**　　家中若没有烧烤盘的姐妹们可以用平底锅代替，但是需要先将锅预热哦，这样烤出来的蘑菇才会更有嚼劲更好吃！吃这道沙拉的时候可以配上烘烤过的全麦切片面包，营养更全面哦！

↓沙拉小女王励志宣言

身体和健康是自己的，眼光是别人的，目不斜视，追求自己的健康生活吧！

姐妹们，金九银十的季节也是螃蟹大量上市的季节，许多喜欢食蟹的人们总是忍不住要大快朵颐。在西餐中螃蟹通常都是拆了肉来做沙拉，今天小女王就教大家一道泰式的蟹肉牛油果沙拉吧，泰式沙拉汁的酸辣可口和鲜嫩的蟹肉、绵软细腻的牛油果搭配在一起，真是很绝妙呢！这道沙拉的热量是 500 千卡哦！

**泰式蟹肉牛油果沙拉**

### 沙拉主角——螃蟹

蟹肉不但脂肪含量低，而且含有丰富的蛋白质及其他营养素、具有很高的营养价值，例如维他命B12、铜、硒、锌等，摄取足够的维他命B12有助维持脑部及神经系统健康，足够的硒及锌则有助于维持良好免疫力。所以爱美食又要吃的健康的朋友们一定不要错过蟹肉。

PART 3

▶材料＋自制沙拉汁

糖
1 勺

鱼露
3 勺

青柠
2 个

大蒜
2 瓣

姜
1 片

牛油果
2 个

螃蟹
2 只

香葱
2 根

香菜
1 束

小红辣椒
1 根

香茅草
2 枝

生抽
2 勺

米醋
2 勺

主菜　　　　　　　　配菜　　　　　　　　　　配汁

▶开始制作美味吧

Step1　螃蟹煮熟放凉拆肉，蟹腿留下做装饰。

Step2　牛油果挖出果肉切成薄片待用。

Step3　小红辣椒去籽剁碎，香菜切末，大蒜剁蒜碎，生姜切细末，香葱切碎，香茅草去外皮留内心切碎，青柠榨汁。将所有配料放在小碗中，加入鱼露、米醋、糖和生抽搅拌均匀。淋在蟹肉腌一会。牛油果和蟹腿装饰在一旁即可。

Tips　这道沙拉比较适合用海蟹，肉质更丰厚一些。但是脾胃虚寒的人群不宜多吃螃蟹哦。

⬇沙拉小女王励志宣言

新节约主义，和减肥有关。亲，你们懂的。

亲爱的姐妹们，你们有没有这样的感受呢，每次去吃北京烤鸭的时候，总是会打包一些回来，第二天不知道如何是好，因为已经没有即时即吃的口感，不过我们可以小小的开动下脑筋，让那些打包回来的烤鸭肉变身为一道美味的沙拉，这就是今天要教给大家的烤鸭李子沙拉。酸甜可口的李子和烤鸭肉搭配，既能去除烤鸭的油腻感，又能烘托烤鸭的肉香，现在就赶紧试一试吧！这道沙拉的热量是 480 千卡哦！

## 烤鸭李子沙拉

### 沙拉主角——李子

在 7～8 月间采收成熟的李子，洗净，去核鲜用或晒干。李子饱满圆润，玲珑剔透，形态美艳，口味甘甜，是人们喜食的传统果品之一，它既可鲜食，又可制成罐头、果脯或制作沙拉，是夏季的主要水果之一。

▶材料＋自制沙拉汁

炸花生
2 勺

大蒜
2 瓣

八角
1 个

盐
适量

黑胡椒
适量

糖
2 勺

熟透的李子
6 个

豆芽
50g

薄荷叶
少量

片好的烤鸭肉
250g

香葱
2 根

香菜
少量

小红辣椒
1 根

葵花油
3 勺

青柠汁
1 勺

米醋
2 勺

| 主菜 | 配菜 | 配汁 |
|---|---|---|

▶开始制作美味吧

**Step1** 李子与八角，糖，半杯水放在小锅中煮，至李子变软。取出放凉后将李子去皮，切小块。

**Step2** 大蒜切碎，红辣椒去籽切碎，与葵花油，青柠汁，盐和黑胡椒一起调匀待用。

**Step3** 小葱切碎，豆芽洗净去尾部，薄荷叶和香菜叶切碎。

**Step4** 将烤鸭胸，李子，小葱，豆芽，薄荷叶，香菜放在沙拉碗中，用沙拉汁拌匀。最后撒上炸花生即可。

**Tips** 未熟透的李子不要吃；切忌过量多食，易引起虚热脑涨、损伤脾胃。

▶沙拉小女王励志宣言

为了以后见到瘦女人不再羡慕不已，为了以后照镜子不再抓狂，同时为了一个更高的追求——健康，一定将减肥坚持到底！

亲爱的姐妹们，你们都吃过玉米笋吧，小小的、能够一口一个放进嘴里，虽然少了些玉米独特的香甜，却更能吸收其他食材和调味料的味道呢。今天小女王要教给大家的这道芥末汁玉米笋沙拉，每一口都洋溢着浓浓的日式风情，不过小心芥末不要放多了哦！这道沙拉的热量是350千卡！

**芥末汁玉米笋花生沙拉**

### 沙拉主角——玉米笋

玉米笋是一种低热量、高纤维素、无胆固醇的蔬菜，由于其独特的食用价值，许多人称之为高级保健食品。是近年来国际上新兴的一种高档蔬菜，既可鲜食和速冻，也可加工制罐。玉米笋含有丰富的维生素、蛋白质、矿物质，营养含量丰富；并具有独特的清香，口感甜脆、鲜嫩可口。

▶材料＋自制沙拉汁

熟杏仁
1把

玉米笋罐头
1听

姜末
1勺

花生油
1勺

米醋
1勺

日本芥末
2勺

盐
适量

主菜　　　　　配菜　　　　　　　　　　　配汁

▶开始制作美味吧

**Step1** 玉米笋稍微用花生油在平底锅里炒一下，放进沙拉碗待用。

**Step2** 杏仁放在保鲜袋里用擀面杖碾碎。

**Step3** 用米醋调开芥末，加盐和芥末调匀。淋在玉米笋上，加杏仁碎即可。

Tips

有烤箱的姐妹们可以用烤盘将玉米笋稍微烤一下，口感更佳哦！

↓沙拉小女王励志宣言

本女王想投身公益事业，主动无偿献血，却被告知抽出的血都是大油！！！为了献爱心，也要将减肥进行到底。

亲爱的姐妹们，核桃可是咱们中国人最喜欢的食物之一，我们信奉的"以形补形"在核桃身上算是得到了良好的体现，核桃形似大脑，恰恰正是补脑佳品，今天小女王要教大家一道核桃黑木耳沙拉，搭配上蜂蜜和柠檬调配的沙拉汁，让大家轻松赢得健康美丽哦！而且这道沙拉的热量仅为 300 千卡呢！快来试试吧！

## 核桃黑木耳沙拉

### 沙拉主角——核桃

核桃中所含脂肪的主要成分是亚油酸甘油脂，食后不但不会使胆固醇升高，还能减少肠道对胆固醇的吸收，因此，可作为高血压、动脉硬化患者的滋补品。最主要的一点核桃是各位姐妹们的美容法宝，它可以养颜乌发、补血养气，适宜每天食用哦！

▶ 材料 + 自制沙拉汁

葡萄干
1 把

盐
适量

核桃仁
15 个

黑木耳
5 朵

生菜叶
3 片

蜂蜜
3 勺

柠檬汁
3 勺

红彩椒碎
2 勺

| 主菜 | 配菜 | 配汁 |

▶ 开始制作美味吧

**Step1** 核桃掰成小块，黑木耳泡发后热水焯熟。

**Step2** 葡萄干洗净擦开，生菜叶子洗净撕成小块，铺在沙拉碗底。

**Step3** 将核桃，黑木耳和葡萄干放在生菜叶子上。

**Step4** 混合柠檬汁、蜂蜜、盐和红彩椒碎，淋在沙拉上即可。

**Tips**
　　如果过早的把沙拉汁淋在核桃上，容易使其受潮变软，影响口感，所以在食用前再淋沙拉汁就可以啦！

⬇ 沙拉小女王励志宣言
如果你真心想瘦，身上除了骨头，没有哪块肉是掉不下去的！

亲爱的姐妹们，芝麻酱应该是咱们日常生活中经常使用的一种调味品，不过一般人可能只知道它是涮火锅的蘸料，但是今天我们要把它当成一种非常可爱的沙拉汁来使用，不过我们选用的是日式的焙煎芝麻酱，它比我们经常食用的中式芝麻酱要清淡些，没那么浓稠厚重，但是芝麻香味一样浓郁，带点淡淡的咸味，和蔬菜搭配做沙拉非常的合适，现在就来看看这道日式芝麻酱沙拉是如何制作的吧，而且热量只有不到400千卡哦。

## 日式芝麻酱白菜沙拉

### 沙拉主角——白菜

白菜应该说是一种最为普通的蔬菜，但白菜中含有丰富的维生素C、维生素E，多吃白菜，可以起到很好的护肤和养颜效果。美国纽约激素研究所的科学家发现，中国和日本妇女乳腺癌发病率之所以比西方妇女低得多，是由于她们常吃白菜的缘故。白菜中有一些微量元素，它们能帮助分解同乳腺癌相联系的雌激素。这么美味营养又经济的食材，姐妹们怎么可以放过呢？！

▶材料 + 自制沙拉汁

无籽葡萄干
20 粒

海苔丝
10g

糖
2 勺

日式焙煎芝麻酱
2 勺

绿豆芽
100g

白菜心
0.5 个

胡萝卜
1 根

白萝卜
1 根

熟白芝麻
1 勺

生抽
2 勺

米醋
2 勺

芝麻油
1 勺

主菜　　　　配菜　　　　　　配汁

▶开始制作美味吧

**Step1** 白菜心洗净，切（或手撕）成细条。白萝卜胡萝卜切细丝，绿豆芽去尾部。葡萄干洗净擦干，生菜叶子洗净撕成小块，铺在沙拉碗底。

**Step2** 在一个碗中混合芝麻酱、生抽、米醋、糖和芝麻油，搅拌至完全均匀。

**Step3** 在大沙拉碗中将白菜心放在底部，上面铺白萝卜、胡萝卜丝和绿豆芽。

**Step4** 将调好的沙拉汁洒在菜上。最后撒上熟芝麻、葡萄干和海苔丝即可。

**Tips** 日式焙煎芝麻酱在超市的沙拉酱柜台都可买到。也可以将这道沙拉的主要食材白菜心换成卷心菜，一样好吃哦！

▼沙拉小女王励志宣言
我必须做到有朝一日，随便拿起一件衣服去试穿，店员都拦下我说："美女，这件衣服的尺码对于您来说有些大了，我给您换一件小号的吧！"

第2天　091

土豆沙拉可是非常惹人喜爱的一种大众沙拉，小女王像许多姐妹们一样因为它的易做好吃而迷恋不已，但是通常这种沙拉里会使用蛋黄酱作为沙拉酱，超市里出售的蛋黄酱热量很高，自己制作又比较麻烦，今天小女王就教大家一招，如何使这道土豆沙拉好吃又不容易发胖，秘诀就是油醋汁＋干白葡萄酒的组合哦，热量仅仅400千卡，快来试试吧！

### 美式干白土豆沙拉

### 沙拉主角——土豆

土豆是沙拉里最常见的食材之一。它的口感多变，料理简便，易于吸附其他食材和调料的味道，无论用哪种方法烹饪都好吃。在某些国家和地区，土豆甚至是一种主食，人们日常三餐都离不开它，以前有种说法认为土豆富含淀粉，容易使人发胖，其实不然，土豆中含有非常多的膳食纤维，能宽肠通便，缓解许多姐妹的便秘之苦。土豆所含的钾能取代身体中的钠，并将钠排出体外，对爱水肿的姐妹们来说可是大大的福音哦！

▶材料 + 自制沙拉汁

煮熟的鸡蛋
4个

土豆
2个

洋葱
1个

腌黄瓜
1个

芹菜
1匹

橄榄油
2勺

红酒醋
2勺

干白葡萄酒
3勺

主菜　　　　　　　配菜　　　　　　　　　　　　配汁

▶开始制作美味吧

**Step1** 土豆在盐水中煮熟，至土豆变软即可。去皮切小块。

**Step2** 洋葱切成圈，腌黄瓜切片，煮熟的鸡蛋对半切开，芹菜切小片。

**Step3** 所有处理好的食材放在沙拉碗中，洒上干白葡萄酒，再用橄榄油、柠檬汁、盐及黑胡椒调味即可。

**Tips**
　　干白葡萄酒清冽中带点微酸，可以很好地取代蛋黄酱制作的土豆沙拉中油腻厚重的口感，在夏日食用很开胃哦！

⬇ 沙拉小女王励志宣言
　　在漫长的减肥大战中，在许多次快要扛不住的时候告诉自己，再坚持一下，再坚持一下，也就扛过来了！

第 **3** 天

亲爱的姐妹们，大家都知道虾通常是海鲜沙拉里的主角，西瓜是水果沙拉里的主角，它们在各自的舞台上都那么夺目，可是大家想过把它们搭配在一起会是怎样令人惊艳的效果吗？这就是小女王今天要教给大家的鲜虾西瓜沙拉。两位红彤彤的主角一定会带给大家不一样的体验哦！而且这道沙拉的热量仅仅是 560 千卡呢！

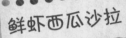

**鲜虾西瓜沙拉**

### 沙拉主角——虾

虾的营养价值极高，能增强人体的免疫力和性功能，补肾壮阳、抗早衰。虾的全身都是宝：虾脑，含有人体必需的氨基酸、脑磷脂等营养成分；虾肉含有大量蛋白质、碳水化合物；虾皮含有虾红素、钙、磷、钾等多种人类所需的营养成分。

▶材料 + 自制沙拉汁

鲜虾
12 只

熟腰果
100g

柠檬
2 个

薄荷叶
1 束

盐
适量

无籽西瓜
0.5 个

菠菜
1 把

熟芝麻
1 勺

红辣椒
1 个

香葱
1 束

香油
芝麻油

芝麻油
1 勺

黑胡椒
适量

| 主菜 | 配菜 | 配汁 |

▶开始制作美味吧

Step1　鲜虾去头和虾线，用两个柠檬取的汁腌制 10 分钟。在平底锅中加芝麻油，将虾煎至熟，用盐和黑胡椒调味即可。

Step2　西瓜切小块。薄荷切碎，菠菜择出叶子焯水后待用，红辣椒去籽剁碎，香葱切碎。将上述材料放在大沙拉碗中与熟腰果，熟芝麻混合好。

Step3　煎好的虾稍微放凉后与其他食材一起混合，最后淋上柠檬汁，再用盐和黑胡椒调味。

Tips

如果没有腰果，也可以用无盐的熟花生、杏仁碎代替。

↓沙拉小女王励志宣言

穷途末路都要瘦，不极度疯狂不痛快，发会雪白，土会掩埋，信念不摇摆，预备唱！

第 4 天　　095

姐妹们，在你们的印象里，培根是不是只适合和煎蛋搭配当早餐，或者是夹在汉堡里当配料呢？其实不然，培根是一种很适合做沙拉的食材哦，就好比今天小女王要教给大家的这道培根土豆沙拉，煎得脆香的培根和煮得软糯的土豆搭配，一定会让你胃口大开的。快和小女王一起试试吧！这道沙拉的热量只有550千卡哦！

## 沙拉主角——培根

培根是一种烟熏成熟的里脊肉，尤其在西方国家深受人们的喜爱。培根作为西式肉制品，除了味道适当的鲜香外，还有很浓烈的烟熏味道，让人看起来就非常有食欲。培根富含大量的矿物质和微量元素，尤其磷、钾、钠的含量丰富。因为培根也含有丰富的脂肪，所以食用时一定要适量，否则会容易发胖的哦。

## 培根土豆沙拉

▶ 材料 + 自制沙拉汁

花生碎
1 勺

糖
1 勺

盐
适量

土豆
2 个

培根
2 片

香葱
1 束

香菜
1 束

橄榄油
3 勺

柠檬汁
1 杯

黑胡椒
适量

主菜　　　　　配菜　　　　　　　　配汁

▶ 开始制作美味吧

**Step1**　土豆放在水中煮熟，至土豆变软即可。滤干水放凉。去皮切成小块。

**Step2**　培根切细条，用不粘锅煎至焦脆。用厨房纸吸去油分。

**Step3**　香葱、香菜切碎。混合橄榄油、柠檬汁、糖、盐和黑胡椒，调匀。

**Step4**　把土豆、培根、香葱和香葱放在沙拉碗里，用沙拉汁拌匀，最后撒上花生碎即可。

Tips

由于培根含有丰富的脂肪、胆固醇和碳水化合物，这道沙拉姐妹们就放在周末享用，稍作一个小小的放纵吧。记得培根一定要少放哦。

↓ 沙拉小女王励志宣言

本女王曾有过窈窕淑女型，也有过丰腴少妇身，两者相比较，本女王更愿永远窈窕，永不丰腴！

亲爱的姐妹们，作为一枚高级美食爱好者，小女王可是尝遍天下，真正发自内心的喜爱世界各国的美食呢，不论是浓郁的意大利餐，或者清淡可口的日本餐，抑或粗犷原生态的澳洲美食都是小女王的心头好。不过小女王特别偏爱的是东南亚的食物，酸甜适中，辣得劲道，真的是非常开胃呢，所以今天就把这道浓浓越南风味的猪肉米粉沙拉介绍给大家，可以当作正餐前的开胃菜，也可以在炎热的夏季当作午餐或晚餐，更重要的是，如此美味的沙拉热量才 600 千卡哦！

**猪肉米粉沙拉**

### 沙拉主角——米粉

米粉，是指以大米为原料，经浸泡、蒸煮、压条等工序制成的条状、丝状米制品，而不是通常我们所指的给小 baby 吃的米粉糊呦。米粉质地柔韧、富有弹性，配以各种菜码或汤料进行汤煮或干炒，爽滑入味，深受本女王喜爱。米粉中富含铜，铜是人体健康不可缺少的微量营养素，有益于人的血液、中枢神经和免疫系统，对于头发、皮肤和骨骼组织以及肝、心等内脏的发育也有着重要影响。

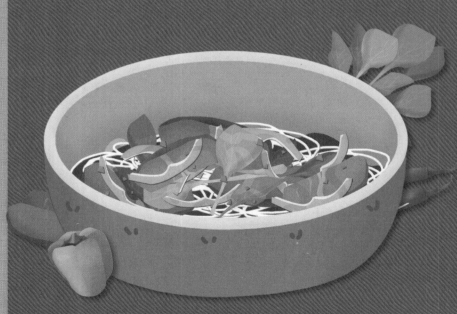

▶材料 + 自制沙拉汁

干细米粉
100g

姜
1 块

彩椒
1 个

糖
1 勺

剁椒酱
1 勺

青柠汁
1 勺

猪里脊肉
300g

沙拉蔬菜
100g

朝天椒
1 根

生抽
4 勺

米醋
2 勺

芝麻油
1 勺

主菜　　　　　配菜　　　　　　　　配汁

▶开始制作美味吧

**Step1** 猪里脊肉切片，在沸水中煮至全熟，用生抽、糖和剁椒酱腌制 30 分钟。用平底锅稍微煎至表面金黄即可。

**Step2** 干细米粉放在开水中泡 5 分钟左右，取出滤干水分，再放在冷水中，取出后滤干待用。

**Step3** 朝天椒剁碎，沙拉蔬菜洗净择小片，姜剁成蓉，彩椒去籽切细丝。

**Step4** 用米醋、生抽、青柠汁、芝麻油混合成调料汁，均匀淋在所有准备好的食材上即可。

**Tips**
如果没有干细米粉，可以用粉丝代替。但是注意泡发时间不要太长，水分要完全滤干。

**↓沙拉小女王励志宣言**
瘦子永远体会不了胖子站在秤上的忧伤，胖子永远理解不了瘦子轻易被推倒时的凄凉。但本女王宁愿独守那份凄凉！

姐妹们喜欢圣诞节吗？这是一个充满收获和喜悦的让人愉快的季节。今天小女王就教大家一道圣诞树沙拉，猜得到圣诞树是用什么做成的吗？其实很简单，"圣诞树"的实心内里就是土豆泥，和胡萝卜、玉米粒和青豆拌在一起。西蓝花就是"圣诞树"的外皮，很可爱吧！这道沙拉的热量很低哦，只有400千卡呢！

## 沙拉主角——西蓝花

西蓝花中不仅营养成分含量高，而且十分全面，主要包括蛋白质、碳水化合物、脂肪、矿物质、维生素C和胡萝卜素等。有些人的皮肤一旦受到小小的碰撞和伤害就会变得青一块紫一块的，这是因为体内缺乏维生素K的缘故，最佳的改善途径就是多食西蓝花呦！

# 圣诞树沙拉

▶材料 + 自制沙拉汁

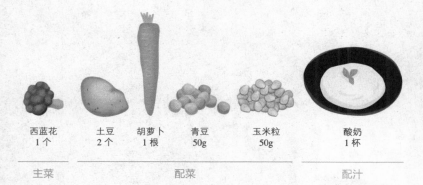

| 西蓝花 | 土豆 | 胡萝卜 | 青豆 | 玉米粒 | 酸奶 |
| 1个 | 2个 | 1根 | 50g | 50g | 1杯 |

主菜　　　　　　　　配菜　　　　　　　　配汁

▶开始制作美味吧

**Step1**　西蓝花、酸奶、胡萝卜、青豆、玉米粒等备用。

**Step2**　土豆切成块，隔水蒸 30 分钟，压制成土豆泥，与酸奶搅拌。

**Step3**　胡萝卜、玉米粒和青豆入锅稍煮一会。捞出来晾凉，然后与土豆泥搅拌均匀。

**Step4**　西蓝花入锅焯 5 分钟，捞出来晾凉后，装饰成圣诞树的样子。

**Tips**

　　酸奶的量要控制好，放太多，土豆泥太稀，不容易堆成树形。西蓝花煮的时间也要控制好。

↓沙拉小女王励志宣言

戒掉垃圾食品，不要一脸痘痘，不要一脸黑斑，不要加速皱纹的生长。健康的食物正在微笑着向我们招手。

亲爱的姐妹们，山药可是一种其貌不扬但却非常营养又健康的食物，它可谓是一种天然的解乏良药，当你感到疲惫不堪的时候不妨为自己做一道美味的山药沙拉吧，相信能为你缓解疲劳注入活力哦！今天小女王就要向大家介绍一道美味的山药黄瓜沙拉，不但山药和黄瓜清爽可口，还配上了特别的猕猴桃沙拉汁，你一定会喜欢的！这道沙拉的热量只有450千卡哦！

### 沙拉主角——山药

山药营养丰富，自古以来就被视为物美价廉的益补食物，既可作主粮，又可作蔬菜。山药所含的热量和碳水化合物只有红薯的一半左右，不含脂肪，是减肥佳品；山药可增加人体T淋巴细胞，增强免疫功能，延缓细胞衰老，是美容之佳品哦。

# 山药黄瓜沙拉

▶材料 + 自制沙拉汁

山药
200g

水萝卜
1 个

西蓝花
100g

萝卜苗
30g

猕猴桃
1 个

盐
适量

洋葱
1 个

黄瓜
0.5 根

生菜叶子
30g

醋
2 勺

蜂蜜
2 勺

苹果
0.5 个

主菜

配菜

配汁

▶开始制作美味吧

**Step1** 山药去皮，切成小方块。西蓝花撕成小朵放在加油加盐的沸水中煮 2 ~ 3 分钟，用凉水冲后，滤干水待用。

**Step2** 黄瓜切细丝，水萝卜切细丝，萝卜苗洗净，滤干水分，生菜洗净撕成小片滤干水分。

**Step3** 沙拉汁的做法：将猕猴桃，苹果，洋葱切小块，用搅拌机打成泥状，加入醋、蜂蜜和盐调匀。

**Step4** 将处理好的食材摆放在沙拉碗中，加入猕猴桃沙拉汁即可。

⬇沙拉小女王励志宣言

**Tips** 山药切片后需立即泡在盐水中，以防止氧化发黑。

最丢人的隐私莫过于网店买衣服，只能搜索"大码、超大码、加肥加大、胖美眉……女装店"这些关键字眼了。

姐妹们，鸡蛋是我们食用频率最高营养最丰富的食物之一，它不但提供给我们足够的蛋白质和其他营养物质，也可以根据不同的烹饪手法变化出不同的味道。不过今天小女王要教给大家一道最简单也最质朴的沙拉——鸡蛋蔬菜沙拉，可以当作开胃前菜，也可以当作主菜食用，而且做法简便，热量也只有500千卡哦！

## 鸡蛋蔬菜沙拉

### 沙拉主角——鸡蛋

鸡蛋中含有丰富的 DHA 和卵磷脂，对神经系统和身体发育有很大的作用，能健脑益智，避免老年人智力衰退，并可改善各个年龄组的记忆力。鸡蛋中的微量元素也都具有防癌的作用。鸡蛋含有人体需要的几乎所有的营养物质，故被人们称作"理想的营养库"，不少长寿老人的延年益寿经验之一就是每天必食一个鸡蛋。

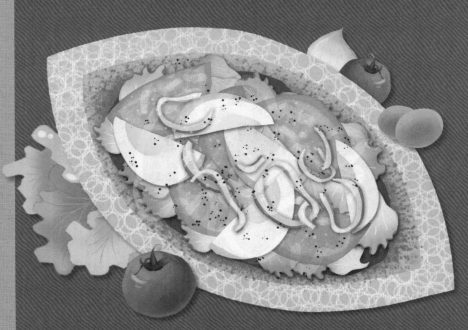

▶材料 + 自制沙拉汁

西红柿
1 个

盐
适量

鸡蛋
2 个

洋葱
0.5 个

生菜
0.5 颗

橄榄油
2 勺

红酒醋
2 勺

黑胡椒
适量

主菜　　　　　　　　配菜　　　　　　　　　　　　配汁

▶开始制作美味吧

Step1　鸡蛋煮熟去壳，切成 4~6 瓣待用。

Step2　西红柿切成四瓣，生菜洗净滤水后用手撕成小片，洋葱切丝。西红柿、生菜和洋葱拌好后铺在沙拉碗底部，鸡蛋放在上面。

Step3　将橄榄油、红酒醋、盐和黑胡椒混合成沙拉汁淋在准备好的食材上即可。

Tips　可以添加你喜欢的火腿或午餐肉，嫩豌豆及玉米粒哦，营养更丰富，更好吃！

⬇ 沙拉小女王励志宣言
地位是临时的；荣誉是过去的；金钱是身外的；只有苗条才是属于自己的！

亲爱的姐妹们，石榴是夏末秋初最惹人喜欢的水果之一，饱满圆润的外表，里面却是一粒粒仿若晶莹的红宝石一样的石榴籽，非常可爱！石榴不但是漂亮的水果，也是对女性非常有益的水果哦，它富含抗氧化物质，能够帮助延缓衰老抵抗岁月的痕迹，所以在石榴上市的季节，姐妹们应该多多食用。今天小女王介绍给大家一道石榴火龙果酸奶沙拉，非常简单方便，而且热量超级低，只有250千卡哦！

### 沙拉主角——石榴

石榴的营养特别丰富，含有多种人体所需的营养成分,果实中含有维生素C及B族维生素，其中维生素C的含量比苹果高1～2倍。石榴中含有的钙、镁、锌等矿物质萃取精华，能迅速补充肌肤所失水分，令肤质更为明亮柔润。

## 石榴火龙果酸奶沙拉

▶材料 + 自制沙拉汁

石榴
1个

火龙果
1个

酸奶
1杯

主菜

配菜

配汁

▶开始制作美味吧

**Step1** 切掉石榴顶部，下部切花刀，将石榴掰开，取出石榴粒。

**Step2** 火龙果取出果肉切小块。

**Step3** 将石榴粒和火龙果放进容器，用酸奶搅拌即可。

**Tips**

为了达到最佳的瘦身减肥效果，最好选用低脂或无脂酸奶哦！

⬇沙拉小女王励志宣言

不要埋怨这个病态的骨感美社会，换作是你会喜欢在电脑里装着形形色色的胖子而不是那些帅哥美女的照片吗？

第❸天　　107

热爱瘦身喜欢健康饮食的姐妹们一定很中意酸奶吧，酸酸甜甜好口味，渴了喝一口，饿了来一碗，有饱腹感却低热量，但是酸奶还有另一种食用方法，就是充当水果或是蔬菜沙拉的调味酱，一方面能增加丰富口感，另一方面又很健康低脂。所以今天就隆重地向姐妹们介绍一道地中海风味的茄子松子酸奶沙拉，而且所有的食材都是低热量的哦，全部加起来也不到 500 千卡呢！

## 茄子松子酸奶沙拉

### 沙拉主角——茄子

茄子是一种很常见的蔬菜，有人爱之有人恨之。爱它的人是因为能吸附其他搭配食材的味道并加以调和，例如《红楼梦》中的茄鲞，吃的就不是茄子味而是鸡味豆腐味了；恨它的人因为它味道寡淡，不便于单独入菜，白灼清炒之类的作法根本不合适。对小女王来说，茄子可是非常可爱的蔬菜，我个人的最喜欢的烹调方法是将其做成各种各样的茄子沙拉。

▶ 材料 + 自制沙拉汁

大蒜
1 瓣

柠檬
0.5 个

红辣椒粉
少量

黑胡椒
适量

樱桃番茄
10 个

小紫茄子
2 个

熟松子
50g

菠菜叶子
50 克

希腊酸奶
0.5 杯

欧芹
少量

特级初榨橄榄油
2 勺

盐
适量

| 主菜 | 配菜 | 配汁 | 配汁 |
|---|---|---|---|

▶ 开始制作美味吧

 **Step1**　茄子洗净切薄片，樱桃番茄洗净对半切，刷少量橄榄油放在烤盘上，烤 3 ～ 4 分钟后将茄子翻面，樱桃番茄表面变皱可取出，再将翻面的茄子烤 2 ～ 3 分钟即可。

 **Step2**　大蒜剁细蒜蓉，柠檬取汁，与红辣椒粉、希腊酸奶混合。

 **Step3**　将烤好的茄子、樱桃番茄，松子、欧芹和菠菜叶子放进碗中混合，加少量盐和黑胡椒调味。调好的酸奶放在一边搭配食用。

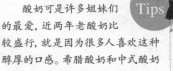

**Tips**

　　酸奶可是许多姐妹们的最爱，近两年老酸奶比较盛行，就是因为很多人喜欢这种醇厚的口感。希腊酸奶和中式酸奶比较类似，呈膏状，十分稠，浓郁的奶香中略带甜味。有低脂低糖等品种可供选择，在一般超市能买到国产的希腊酸奶，商场的进口食品区也能见到原产的希腊酸奶。在准备此种沙拉的时候，如果找不到正宗的希腊酸奶，可以用中式老酸奶来代替，用蜂蜜或枫糖浆来增加甜度。

⬇ 沙拉小女王励志宣言

没有人能帮你又瘦又美，要靠的只有自己！从早上起来的第一口食物开始吧！

冬天来临，许多家庭都开始准备制作或购买各式各样的香肠。这是一种特别适合在冬季食用的食物，可蒸熟了切片当前菜，也可以和各种蔬菜一起炒制。所以今天小女王就用鲜香麻辣的川味辣肠来制作一道美味的辣肠西红柿沙拉，给冬天的餐桌增加一道靓丽的风景吧！这道好吃的沙拉仅仅550千卡哦！

沙拉主角——辣肠

辣肠既可以去肉制品专柜购买也可以在家自己动手做。这些详细的步骤，姐妹们都可以在网上参考。麻辣口味的香肠，外表红油油、肉质弹牙，切开后红白相间，给人一种香辣扑鼻的诱惑，建议肠外清洗一下。

# 辣肠西红柿沙拉

▶材料 + 自制沙拉汁

小西红柿
10个

新鲜小土豆
1个

黄色小西红柿
5个

孜然粉
1勺

川味辣肠
2根

红彩椒
1个

大蒜
3瓣

香菜
1束

特级初榨橄榄油
少量

米醋
2勺

主菜                配菜                          配汁

▶开始制作美味吧

**Step1** 辣肠用平底锅不放油稍微煎一下，用厨房纸吸去多余的油脂，加上去籽切丝的红彩椒和切碎的大蒜，孜然一起稍微炒一下。放凉待用。

**Step2** 小西红柿和黄色小西红柿对半切开，小土豆带皮煮熟，切小块。

**Step3** 将处理好的食材放进沙拉碗中，用米醋、橄榄油和剩余的蒜末调匀成沙拉汁拌好，最后撒上香菜叶子即可。

如果喜欢更丰富的口感，可以加一点煮熟的红腰豆哦！

Tips

⬇沙拉小女王励志宣言
少壮不减肥，老大徒伤悲。

泰式口味的菜肴相信很多姐妹们都非常喜欢，酸酸辣辣、清心爽口，一道美妙的泰式牛肉沙拉正适合做开胃前菜。煎的半熟的瘦牛肉、新鲜脆嫩的蔬菜，搭配各种各样泰式风味浓烈的香草，散发出诱人的好味道。姐妹们，快和小女王一起来制作这道沙拉吧，而且它的热量只有 500 千卡哦！

## 泰式牛肉沙拉

### 沙拉主角——牛肉

牛肉不但在脂肪和热量上可以与鸡肉比美，而且牛肉还包含 12 种人体必需的营养成分，如对妇女特别重要的营养成分：铁。铁是红细胞中血色素的不可缺少的组成部分，它携带氧气到周身，为人们提供能量。牛肉也含有 B 族维生素，B 族维生素有助于调节能量的利用，促进皮肤、眼睛、神经系统和消化系统的健康。

▶材料 + 自制沙拉汁

| | | | | | |
|---|---|---|---|---|---|
| 大蒜 1 瓣 | 豆芽 50g | 罗勒（或九层塔） 1 束 | 胡萝卜 2 根 | 食用油 2 勺 | 青柠汁 0.5 杯 |

| | | | | | |
|---|---|---|---|---|---|
| 瘦牛肉 500g | 生菜 0.5 颗 | 黄瓜 1 根 | 香茅 1 根 | 香菜 1 束 | 橄榄油 2 勺 | 泰式甜辣酱 1 勺 |

主菜　　　　　　　　配菜　　　　　　　　配汁

▶开始制作美味吧

**Step1** 牛肉切细丝，大蒜去皮拍碎。香茅去外叶，内茎切成细末，罗勒（或九层塔）切碎。在锅中放入食用油，煸炒大蒜和香茅末至金黄色，快速翻炒牛肉和罗勒，牛肉断生后即盛出待用。

**Step2** 生菜、黄瓜、胡萝卜切丝。豆芽择去尾部，洗净滤干。将蔬菜拌好铺在盘子上。炒好的牛肉和罗勒放在蔬菜上。

**Step3** 混合青柠汁、橄榄油和泰式甜辣酱成调味汁，淋在牛肉和蔬菜上即可。

　　泰式甜辣酱在超市就可以买到。
**Tips**

⬇沙拉小女王励志宣言

每天清晨提起床前肥大的裤子把自己粗壮的腰和腿塞进去，是一件很爽的事情吗？

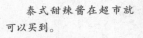

亲爱的姐妹们，小女王有时候真的拿切片面包很没有办法，大部分时候它们真的是一种很无趣的食材，但是也许我们发挥下想象就会让它变得生动活泼起来。比如今天小女王介绍给大家的这道烤面包沙拉，烘烤过的切片面包变得不再 boring，而是变成香香脆脆惹人喜爱的样子，搭配多汁的西红柿和醇香的牛油果，真是一道魅力十足的沙拉呢，而且它的热量只有 400 千卡哦！

## 沙拉主角——面包

现在比较受欢迎的主要是谷物面包和全麦面包。谷物面包大量采用谷物、果仁作为原料，含有丰富的膳食纤维、不饱和脂肪酸和矿物质，有助提高新陈代谢，有益身体健康。全麦面包拥有丰富的膳食纤维，让人比较快就产生饱腹感，间接减少其他食物摄取量哦。

# 烤面包沙拉

▶材料 + 自制沙拉汁

培根
2片

盐
适量

切片面包
4片

小西红柿
10个

生菜
0.5个

牛油果
1个

橄榄油
2勺

红酒醋
1勺

第戎芥末酱
1勺

主菜　　　　　　配菜　　　　　　　　配汁

▶开始制作美味吧

**Step1** 面包切成小方块，预热烤箱，在烤盘上放上锡纸，200度，烤10分钟左右至面包焦黄，中间可翻一次面。

**Step2** 培根切小方块，用平底锅或不粘锅煎至焦脆。

**Step3** 生菜洗净擦干撕成小片。牛油果取果肉切小块。小西红柿对半切。将所有准备好的食材放进沙拉碗中。

**Step4** 混合橄榄油、红酒醋、第戎芥末酱和盐调匀淋在沙拉上即可。

> 同样是面包，吃全麦面包比吃白面包更有助减肥。面包松软，易于消化，不会对胃肠造成损害。

**Tips**

⬇沙拉小女王励志宣言
一切零食离本女王至少五米远!!!

姐妹们，在夏天来临的时候，你们是不是也和我一样，喜欢食用那红艳艳水灵灵的水萝卜呢，娇小可爱，鲜脆多汁，让人一口咬下去的时候就觉得心情大好。不过大多时候我们都是用它来蘸酱吃，太单调了点吧，今天小女王就教大家一道苹果水萝卜沙拉，两位主角都是脆脆的，但一个酸酸甜甜，另一个稍带辛辣，搭配起来真是不错呢，这道全素沙拉的热量仅仅 400 千卡哦！

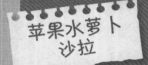

### 沙拉主角——水萝卜

　　水萝卜所含热量较少，纤维素较多，吃后易产生饱胀感，这些都有助于减肥。水萝卜能诱导人体自身产生干扰素，增加机体免疫力，并能抑制癌细胞的生长，对防癌、抗癌有重要作用。其中所含的芥子油和粗纤维可促进胃肠蠕动、有助于体内废物的排出。常吃萝卜可降低血脂、软化血管、稳定血压，预防冠心病、动脉硬化、胆石症等疾病。

▶材料＋自制沙拉汁

苹果
2 个

薄荷叶
1 束

胡萝卜
300g

盐
适量

水萝卜
150g

葡萄干
20 粒

熟芝麻
2 勺

橄榄油
4 勺

酱油
1 勺

黑胡椒
适量

生抽

主菜　　　　　　　　配菜　　　　　　　　　　配汁

▶开始制作美味吧

Step1　苹果和水萝卜切薄片，胡萝卜切细丝，薄荷叶切碎。

Step2　将所有食材放在沙拉碗中，撒上熟芝麻和葡萄干。

Step3　混合酱油、橄榄油、盐和黑胡椒，淋在食材上即可。

↓沙拉小女王励志宣言

为了减肥，本女王要小口小口慢慢吃，吃一口，放下筷子，咬久些吞下，要吃时再举筷，这样就会吃得少，但是已经吃饱了耶！

没有薄荷可以用香菜代替哦。

Tips

第 1 天　　117

亲爱的姐妹们，在中国和亚洲其他地方的饮食传统里，姜不只是作为调味品出现在我们的日常饮食中，而是很重要的一个组成部分，因为我们认为姜是一种很有食疗效果的食物，更有些地方是直接将生姜当成蔬菜食用的哦！就好比今天的这道腌子姜豆腐沙拉，腌制过的子姜少了辛辣刺激，变得温和清甜，和煎豆腐搭配，实在是一道很适合夏季食用的开胃沙拉哦！而且热量只有 400 千卡呢！

### 沙拉主角——子姜

子姜也称鲜姜，附有姜芽，可以作菜肴的配菜或酱腌，味道鲜美。用途广泛，既可生食，也可做馅。子姜能产生一种抗氧化本酶，它有很强的对付氧自由基的本领，比维生素 E 还要强得多。所以，吃姜能抗衰老，美容养颜哦。

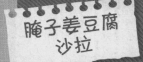

腌子姜豆腐
沙拉

▶材料 + 自制沙拉汁

鸡蛋
1 个

豆芽
50g

盐
适量

五香粉
1 勺

香油

芝麻油
1 勺

豆腐
1 块

熟芝麻
1 勺

腌子姜
100g

黄瓜
1 根

胡萝卜
1 根

红辣椒
1 根

面包糠
60g

生抽
1 勺

味啉（或米酒）
1 勺

白醋
1 勺

主菜　　　　　　配菜　　　　　　　　　　配汁

▶开始制作美味吧

 Step1　豆腐切方块，鸡蛋打成蛋液，在一个碗中加入面包糠、熟芝麻、五香粉和盐，混合均匀。切好的豆腐先蘸蛋液，然后裹上面包糠。放在平底锅中煎至豆腐表面金黄，待用。

 Step2　黄瓜和胡萝卜削成薄片，豆芽洗净去尾部，滤干水分，红辣椒去籽切细丝，待用。

 Step3　混合白醋、味啉、生抽、芝麻油和红辣椒丝，调匀。

 Step4　将豆腐、腌子姜和其他食材放在沙拉碗中，用调好的沙拉汁拌匀即可。

Tips　腌子姜可以在卖日本食品的柜台或超市买到，也可以用糖、白醋、盐自己腌制。

◆沙拉小女王励志宣言

减肥和恋爱一样，你怎么想决定你怎么做，你怎么做决定你的结果。

PART 3

说起沙拉，也许有的姐妹会说，不就是把一堆菜啊肉啊切了加点调味嘛，虽然简单，但是会不会太缺少变化呢？其实还真不是哦，亲爱的姐妹们，有时候只要我们稍稍地改变下思路，就会有全新的感受哦，例如今天这道烤蔬菜沙拉，就会兼具美味和变化，热量也不高，只有500千卡哦，接下来我们就看看如何料理吧！

## 烤蔬菜（土豆南瓜）沙拉

### 沙拉主角——土豆

土豆可是许多姐妹的最爱，它不只是简单易得的食材，重要的是它的营养十分丰富，富含维生素C，维生素B、钾、磷和铁，而且大多数的矿物质和蛋白质都集中在薄薄的土豆皮里，其本身就是一种食物纤维，更有利于健康和瘦身哦！

▶材料 + 自制沙拉汁

洋葱
2 个

胡萝卜
1 根

大蒜
2 瓣

盐
适量

土豆
2 个

小南瓜
0.5 个

迷迭香
1 小枝

坚果
若干

红酒醋
1 勺

橄榄油
1 勺

黑胡椒
适量

主菜　　　　　　　配菜　　　　　　配汁

▶开始制作美味吧

**Step1** 土豆、南瓜、胡萝卜切小块，
洋葱切碎。大蒜切成蒜末。
迷迭香切碎。

**Step2** 烤箱 200 度预热，烤盘上放
烘焙纸，涂少量橄榄油，将
土豆、南瓜、胡萝卜、洋葱
均匀铺在烤盘上，用盐和黑
胡椒调味。烤 35 分钟。期间
可取出翻动使之受热均匀，
表面呈焦黄即可。

**Step3** 烤好后放凉，加入橄榄油和
红酒醋，撒上坚果即可。

**Tips**
　　烤箱在西方国家很
普通，但目前国内并不
是家家必备的厨房用品，建议没
有烤箱的姐妹可以使用平底锅，
少量油煎以上几种食材，处理完
成后用厨房纸吸去多余油分，以
减少油脂的摄入。

⬇沙拉小女王励志宣言

不要再被人说"很可爱"了，不要再
被人说"性格好"了，本女王就要身
材好！可以不可以！！！！

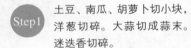

第 3 天　　121

亲爱的姐妹们，要说水果、蔬菜、坚果和肉类完美结合的沙拉，就不能不试一试今天小女王介绍给大家的这道蜜桃火腿沙拉。蜜桃的芳香，火腿的咸香，蔬菜的清香，坚果的干香，每一种食材的味道都是那么独特，搭配在一起却又无比的和谐。现在就打开冰箱，准备好食材和小女王一起制作吧！这道绝妙的沙拉的热量是 400 千卡哦！

### 蜜桃火腿沙拉

**沙拉主角——蜜桃**

桃子味甘、性温。具有养阴、生津、润肠、活血、止喘、丰肌美肤、补气润肺的功效；桃的果肉中富含蛋白质、钙、磷、铁和维生素B、维生素C及大量的水分，对慢性支气管炎、慢性发热、盗汗等症，可起一定的保健作用；并且桃子富含胶质物，这类物质到大肠中能吸收大量的水分，达到预防便秘的效果。

▶材料 + 自制沙拉汁

熟火腿
4 片

苦苣
少量

盐
适量

黑胡椒
适量

蜜桃
4 个

西红柿
1 个

杏仁碎
1 把

特级初榨橄榄油
2 勺

米醋
2 勺

第戎芥末酱
1 勺

| 主菜 | 配菜 | 配汁 |

▶开始制作美味吧

**Step1**　蜜桃去核切块，西红柿切同样大小的块。苦苣洗净滤干水分。

**Step2**　熟火腿稍微用平底锅煎或用烤箱烤下，用厨房纸吸取油分后撕成小片。与蜜桃、西红柿、苦苣和杏仁碎一起放在沙拉碗中。

**Step3**　在小碗中混合醋、橄榄油、第戎芥末酱、盐和黑胡椒，调匀。淋在准备好的食材上即可。

> **Tips**
>
> 本道沙拉选用的是意大利熏火腿，姐妹们可以用咱们的中式火腿，如浙江金华火腿或云南宣威火腿代替。这两种火腿可用蒸锅隔水蒸或煎熟的方法加工。风味也很独特哦！

⬇沙拉小女王励志宣言

美食也可以很简单，很健康！放弃油炸食物吧，LET'S DO IT!

今天即将要交给大家的这道吞拿鱼番茄扁豆沙拉即是大名鼎鼎的尼斯瓦茨沙拉（Nicoise Salad），名字有点拗口吧，但是这样一盘色彩鲜明、香味扑鼻的美好沙拉摆在你的面前时，是不是根本就不在乎它叫什么了呢？对小女王来说，更喜欢称它为春天沙拉，难道不是吗？尝一口，简直就能让你体会到春天来时换上美丽衣装的那种喜悦哦，而且它的热量只有680千卡呢！

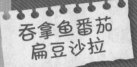

吞拿鱼番茄扁豆沙拉

### 沙拉主角——油浸吞拿鱼

吞拿鱼又称金枪鱼、鲔鱼，是一种生活在海洋中上层的鱼类，它的营养丰富，却又低脂肪低热量，对爱美的姐妹们来说不但可以保持苗条的身材，而且可以平衡身体所需要的营养，是我们轻松减肥的理想选择。不过目前在国内要想吃到新鲜的吞拿鱼不是特别容易，所以市面上的油浸吞拿鱼罐头是个很好的选择哦，用橄榄油浸制的方法一方面很好地保持了吞拿鱼的口味和营养，另一方面易取易得，对繁忙的上班族姐妹来说非常方便哦！

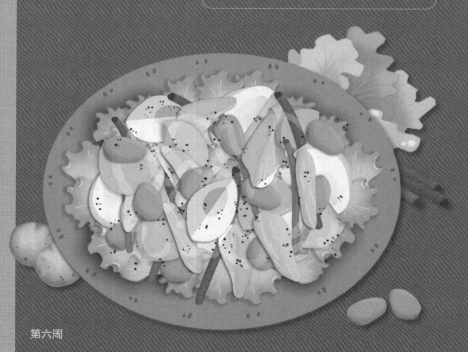

▶材料 + 自制沙拉汁

煮熟的鸡蛋
2 个

盐
适量

黑胡椒
适量

第戎芥末酱
1 勺

樱桃番茄
10 个

豇豆
200g

小土豆
2 个

生菜叶子
4 匹

特级初榨橄榄油
1 勺

红酒醋
2 勺

油浸吞拿鱼罐头
1 听

主菜 　　　　　配菜 　　　　　配汁

▶开始制作美味吧

**Step1** 沸水里加入少量油和盐，煮小土豆至软，豇豆断生捞出滤去水分即可。

**Step2** 樱桃番茄和煮熟的鸡蛋对半切开，生菜叶子洗净擦干。

**Step3** 沙拉汁的做法：混合橄榄油、红酒醋、第戎芥末酱，用盐和黑胡椒调味。

**Step4** 把所有准备好的食材：油浸吞拿鱼罐头、小土豆、豇豆、熟鸡蛋、生菜叶放进大碗里，倒进调好的沙拉汁，调匀即可。

**Tips**

第戎芥末酱源于 1856 年的法国第戎，是一种以未成熟的酸葡萄汁代替传统酸醋为配方调制的芥末酱。此种芥末酱没有其他芥末的辛辣刺激，口感顺滑，风味浓郁还带点白葡萄酒的淡淡酸味，适合搭配口味清爽的沙拉。在一般的进口食品商店或超市都可以买到。

⬇沙拉小女王励志宣言

早上起来，就要对着镜中的自己大声说：你会瘦，你会美，你是最棒的！完美的一天就要开始了哦！

第 5 天 　　125

亲爱的姐妹们、你们喜欢鸭肉吗？鸭肉可是对女性健康和美容都大有益处的食物、常常食用对人体很有好处。所以今天小女王就介绍一道烤鸭胸沙拉给大家。煎过的鸭胸去除了油腻感，与甜脆的胡萝卜、清爽的卷心菜搭配，醇厚的肉香与爽口的蔬菜丰富了口感，真的是既开胃又营养哦！这道沙拉的热量只有500千卡呢！

## 煎鸭胸沙拉

### 沙拉主角——鸭胸肉

从中医角度，鸭肉性寒味甘，能够滋阴补血；从营养学角度来说，鸭肉是一种低脂肪高蛋白易于消化吸收的肉类，所含B族维生素和维生素E较其他肉类多。鸭肉特别适宜夏秋季节食用，既能补充过度消耗的营养，又可祛除暑热给人体带来的不适。

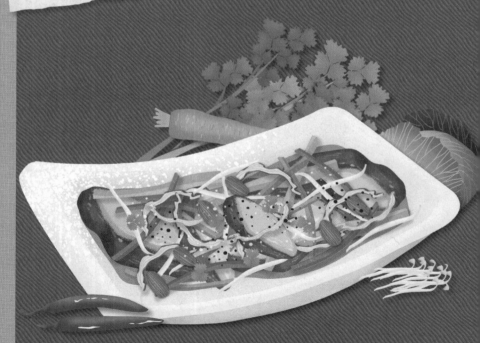

▶材料 + 自制沙拉汁

豆芽
100g

熟杏仁
2 勺

香菜叶
少量

盐
适量

芝麻油
1 勺

蒜末
2 勺

姜末
1 勺

去皮鸭胸肉
2 块

胡萝卜
1 根

小葱
2 根

大红辣椒
1 根

卷心菜
0.25 个

生抽
1 勺

米醋
1 勺

蜂蜜
1 勺

主菜　　　　　　配菜　　　　　　　　配汁

▶开始制作美味吧

 **Step1** 用不粘锅煎鸭胸肉，每面 3 分钟左右，煎好后放在盘子中用锡箔纸包好放置 10 分钟左右。

 **Step3** 将煎好的鸭肉斜切薄片，与其他蔬菜一起混合待用。

 **Step2** 胡萝卜去皮切丝，大红辣椒去籽切细丝，卷心菜切丝，豆芽洗净去尾部，小葱切碎。放在大沙拉碗中待用。

 **Step4** 将姜末、蒜末、米醋、芝麻油、生抽和蜂蜜、盐混合成沙拉汁淋在食材上，最后撒上熟杏仁和香菜碎即可。

**Tips** 对于身体常因虚寒，受凉引起的胃部冷痛、腹泻、腰痛及寒性痛经的姐妹就要少食鸭肉哦。

↓沙拉小女王励志宣言

革命尚未成功，瘦身还需努力！

亲爱的姐妹们，在小女王看来，樱桃是最女性化的水果之一，圆润、甜蜜、迷人、气味芳香、色泽美丽，但因为它太过出色，所以很难和其他水果搭配，不过今天小女王将给大家介绍一道樱桃沙拉，虽说樱桃仍是主角，但是其他材料也毫不逊色，犹如一群美丽女孩的聚会，尤其是用玫瑰红酒做的沙拉汁，更是给这道沙拉添姿加色！而且热量很低哦，只有350千卡呢！

**沙拉主角——樱桃**

在水果家族中，一般水果铁的含量较低，樱桃却卓然不群，一枝独秀：每百克樱桃中含铁量多达59毫克，居于水果首位；维生素A含量是葡萄、苹果、橘子的4～5倍。此外，樱桃中还含有维生素B、维生素C及钙、磷等矿物元素。食用樱桃具有促进血红蛋白再生及防癌的功效哦。

# 樱桃沙拉

▶ 材料 + 自制沙拉汁

红李子（或布朗）
2 个

樱桃
200g

草莓
5 个

油桃
2 个

薄荷叶
少量

玫瑰红酒
1 杯

糖
2 勺

八角
1 个

主菜　　　　　　　　配菜　　　　　　　　　　　配汁

▶ 开始制作美味吧

Step1　将所有水果洗净，滤干水分。草莓切四瓣，油桃去核切 6 ~ 8 瓣，红李子切 4 瓣。薄荷摘成小片。

Step2　将玫瑰红酒、糖和八角放在小锅中煮开，加热至变成糖浆状。冷却待用。

Step3　混合处理好的水果，将玫瑰红酒糖浆淋在水果上，最后用薄荷叶点缀。

Tips　也可以选用其他的红色水果或浆果，如覆盆子等，红红的颜色多漂亮！另外樱桃属火，不宜多食哦！

⬇ 沙拉小女王励志宣言
高矮是不好更改的，所以我们必须在胖瘦上多做文章。

第 7 天　　129

黄瓜可算是咱们日常饮食中最常见的沙拉主角了，它清脆爽口，作为开胃前菜是最合适的了。今天小女王要教姐妹们的这道简单易做的黄瓜沙拉和咱们平时吃的有一点不一样哦，秘诀就在沙拉汁里，快来一起学学吧！热量低的惊人，只有130千卡呢！

### 沙拉主角——黄瓜

黄瓜是一味可以美容的蔬菜，被称为"厨房里的美容剂"，经常食用或贴在皮肤上可有效地抗皮肤老化、减少皱纹的产生。鲜黄瓜中含有一种叫丙醇二酸的物质，它有抑制糖类转化为脂肪的作用，因此，黄瓜是很好的减肥品。有肥胖倾向并爱吃糖类食品的人，最好进餐的同时吃些黄瓜，可抑制糖类的转化和脂肪的积累，达到减肥的目的哦。

## 黄瓜沙拉

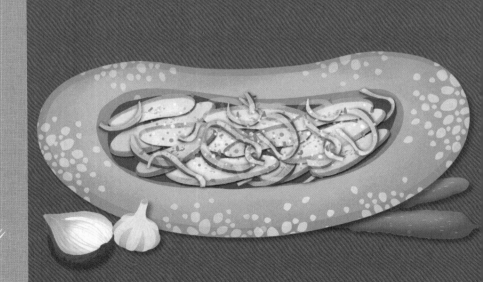

▶材料 + 自制沙拉汁

红洋葱
1个

黄瓜
2根

大蒜
3瓣

米醋
2勺

蜂蜜
1勺

芝麻油
1勺

盐
适量

红辣椒粉
1小勺

主菜          配菜                              配汁

神奇美味沙拉
10周70道

▶开始制作美味吧

Step1　黄瓜洗净切薄片。用盐腌一下，出水后挤干水分待用。

Step2　红洋葱切薄片。大蒜切碎。

Step3　在沙拉碗里放入黄瓜、洋葱和蒜碎，将米醋、蜂蜜、芝麻油调成汁淋在上面。最后撒上红辣椒粉。

Tips　做黄瓜沙拉一般第一步也是最重要的就是要用盐先腌制一下，黄瓜出水后，口感会更加脆嫩。不喜欢辣味的姐妹们可以不放辣椒粉。可以撒些熟芝麻提香。

↓沙拉小女王励志宣言
是不是不止一百次偷偷幻想自己瘦下去的样子？那就停止幻想，付诸行动吧，亲！

第1天　131

银耳可是美容养颜瘦身的佳品，不过通常姐妹们熟知的是用银耳熬制的各种甜品，所以今天小女王就教给大家一道酸辣开胃的泰式银耳鲜虾沙拉，有银耳的爽脆、虾的鲜香、小红辣椒的微辣和柠檬汁的清香，真是一道容易又美味的沙拉呢！这道沙拉的热量只有350千卡哦！

## 泰式银耳鲜虾沙拉

### 沙拉主角——银耳

　　银耳，又称白木耳，是一种生长于枯木上的胶质真菌，因其色白如银，故名银耳。银耳富有天然植物性胶质，加上它的滋阴作用，长期服用可以润肤，并有祛除脸部黄褐斑、雀斑的功效。银耳还是一种含膳食纤维的减肥食品，可助胃肠蠕动，减少脂肪吸收哦。

▶材料 + 自制沙拉汁

虾（中等大小）
10 只

大蒜
3 瓣

砂糖
0.5 勺

银耳
2 朵

洋葱
0.5 个

香葱
2 根

芹菜
1 棵

小红辣椒
4 只

鱼露
3 勺

柠檬汁
3 勺

主菜　　　　　配菜　　　　　　　　　　配汁

▶开始制作美味吧

**Step1** 银耳用水泡发后，洗净，去蒂切小朵。洋葱切丝，葱和芹菜切段。

**Step2** 虾去头去壳去虾线，用水焯熟，浸入冰水，滤干待用。

**Step3** 银耳用水焯熟，浸入冰水，滤干待用。

**Step4** 小红辣椒和大蒜分别剁碎，加入鱼露和青柠汁、糖调成沙拉汁。

**Step5** 将所有材料用沙拉汁拌匀装盘即可。

**Tips** 　银耳放入滚水中稍煮即可，不可久煮，不然口感不脆。青柠檬汁可以用青柠檬榨汁，或者使用瓶装的青柠檬原汁。

↓沙拉小女王励志宣言
连芙蓉姐姐都瘦到不到一百斤了，你还好意思胖下去吗？！

神奇美味沙拉 10 周 70 道

第 2 天　　133

相信很多姐妹都会喜欢日本菜，口感清爽但又十分注重营养搭配，是很健康的食物。小女王也是，非常钟爱日本菜，尤其是各式各样的日式沙拉。虽然有些食材和调味品不是那么容易买到原装正宗的，但由于日本菜和我们中国的食物有很多渊源，所以可以用一些类似的替代。今天就要教给大家一道日式腌蘑菇沙拉，这是一道素食沙拉，相信一定会赢得许多喜爱健康美食的姐妹们的好感哦，而且它还热量超低，仅仅300千卡哦！

日式腌蘑菇
沙拉

### 沙拉主角——蘑菇

蘑菇营养丰富、味道鲜美，因此营养界素来认为"一荤一素一菇"是最保健的饮食搭配。蘑菇人人喜爱。人们一般认为，肉类和豆类食品中才分别含有较高的动物蛋白和植物蛋白，其实蘑菇中的蛋白质含量也非常高，并含有多种维生素，因此还有"维生素A宝库"之称。

► 材料 + 自制沙拉汁

姜
1 小块

芝麻油
1 勺

大蒜
3 瓣

红柿子椒
1 个

沙拉蔬菜
（如菠菜，苦苣等）
100g

黄瓜
1 根

生抽
0.5 杯

味啉
0.5 杯

花生油
1 勺

白蘑菇
400g

| 主菜 | 配菜 | 配汁 |
|---|---|---|

► 开始制作美味吧

**Step1**
日式腌蘑菇的做法：蘑菇洗净擦干，放在碗里，加生抽、味啉、花生油、芝麻油，切碎的大蒜和姜，搅拌均匀，用保鲜膜包好后放在冰箱中腌渍 3 小时左右。

**Step2**
沙拉蔬菜洗净，撕碎，黄瓜切片，红柿子椒剖开去籽切细丝。

**Step3**
将腌渍好的蘑菇和配菜一起拌匀，大功告成咯！

**Tips**

味啉其实就是日本料理中常用的带甜味的料理酒，通常用于煮菜和烧汤，可以起到去腥提鲜的作用。用味啉腌渍过的食材会带有淡淡的酒香和甜味，非常引人食欲。不过味啉在我们国内并不是很容易买到，所以可以用我们类似的米酒、甜酒来代替。但是由于这道沙拉是素食沙拉，所以不建议用去腥功能强大的料酒和黄酒代替哦！

⬇ 沙拉小女王励志宣言

本女王如果瘦下去，就可以跟夏日里大汗淋漓的胖子说再见了，再也不会出现妆乱了脸花了的尴尬情景。

姐妹们，大家都知道西蓝花是一种非常健康又有营养的蔬菜，不过好像通常它的烹饪方法单调了点，不是炒就是煮，虽然说这样的烹饪方法尽可能的保留了它的营养成分，但从美味的角度上就稍微的差了那么一点点。今天小女王要教给大家一道西蓝花培根沙拉，它是色香味的完美结合哦，现在就和小女王一起来试试吧！这道沙拉的热量只有450千卡哦！

## 西蓝花培根沙拉

### 沙拉主角——西蓝花

西蓝花被誉为"蔬菜皇冠"，因其是一种高价值的天然食材，不仅抗癌效果一流，且柔嫩、纤维少、水分多、脆嫩爽口，无论凉拌、热炒还是做汤，它萦绕在清香中的好味道都可以被发挥得淋漓尽致，让挑剔的胃口为之折服，比花椰菜还要鲜美。

▶材料 + 自制沙拉汁

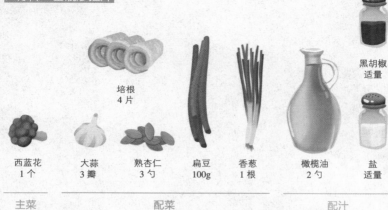

黑胡椒
适量

培根
4 片

西蓝花     大蒜     熟杏仁     扁豆     香葱          橄榄油          盐
1 个      3 瓣     3 勺      100g    1 根          2 勺          适量

主菜              配菜                              配汁

▶开始制作美味吧

**Step1** 西蓝花掰小朵，扁豆去筋，在加油加盐的沸水中煮 2 分钟左右，捞出浸在冰水中，滤干水分待用。

**Step2** 平底锅不加油煎培根至焦黄，用厨房纸吸去油分后切细丝，与西蓝花、扁豆、杏仁一起放在沙拉碗中。

**Step3** 蒜和香葱切碎，加橄榄油、盐和黑胡椒调成汁淋在准备好的食材上即可。

Tips
　　为了使这道沙拉更营养健康，色彩更丰富，可以加一根胡萝卜，切成西蓝花一样大小的丁即可。

🥄 沙拉小女王励志宣言

天天量体重，天天想砸秤。有没有说到你的心坎里？

第 4 天          137

亲爱的姐妹们，今天小女王教大家一道在家里就可以完成的日式腌鱼片沙拉，非常好吃哦，在炎炎的夏日食用，非常的爽口开胃呢，而且热量也不算高，500千卡而已哦！

## 腌鱼片沙拉

### 沙拉主角——三文鱼

三文鱼是不可多得的水中珍品，既可生食又可烹制菜肴。有一个学营养的姐妹对我说，因为三文鱼含有Ω-3不饱和脂肪酸，可以帮助皮肤锁住水分，有滋润保湿的功效，防止产生皱纹。三文鱼还含有虾青素，功效是维生素E的550～1000倍，能延缓皮肤衰老，还能够保护皮肤免受紫外线的伤害。单单凭这两点本女王对三文鱼很是钟情。

▶材料 + 自制沙拉汁

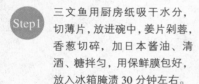

白糖（或棕糖）
2勺

姜
2块

胡萝卜
1根

寿司醋
1勺

熟白芝麻
1勺

新鲜三文鱼
（或吞拿鱼）
200g

熟黑芝麻
1勺

白萝卜
0.5根

卷心菜
0.25个

香葱
2根

日本酱油
（或生抽）2勺

清酒
2勺

| 主菜 | 配菜 | 配汁 |
| --- | --- | --- |

▶开始制作美味吧

**Step1** 三文鱼用厨房纸吸干水分，切薄片，放进碗中，姜片剁蓉，香葱切碎，加日本酱油、清酒、糖拌匀，用保鲜膜包好，放入冰箱腌渍30分钟左右。

**Step2** 白萝卜胡萝卜擦成细丝，卷心菜切细丝，放入碗中用寿司醋拌匀。

**Step3** 取出腌渍好的鱼片，放在拌好的蔬菜丝上，撒上黑白芝麻即可。

**Tips**

自制寿司醋：小女王要教大家一招不用去超市购买也可以自己制作的寿司醋哦，简单方便。只需要一点盐、糖和柠檬汁即可。用小容器加热榨好的柠檬汁，待稍微沸腾时加入适量的糖和盐至完全融化即可，完全晾凉后就是带着淡淡柠檬清香的寿司醋了。可以用在任何日式的沙拉或需要寿司醋调味的食物中哦！

⬇沙拉小女王励志宣言

有人称：人这一生大约吃掉九吨多的食物，谁先吃完谁先走……先走……先走……走……（太狠了！！！）

姐妹们，各种豆类可是我们日常饮食中不可或缺的重要食物，它们有各种各样的形态，豆粒啦、豆荚啦、干豆啦、新鲜豆子啦，总之豆子是很有益健康的食物。今天要教给大家的是一道豌豆荚鸡肉芒果沙拉，豌豆荚在这道沙拉里可起到很重要的作用呢，现在就和小女王一起准备材料，开始做吧！而且这道可爱的沙拉热量却只有550千卡哦！

## 豌豆荚鸡肉芒果沙拉

### 沙拉主角——豌豆荚

豌豆荚不是热量最低的蔬菜，但是热量也实在不算高，同时它的营养一点不含糊。因为是豆类，所以含有碳水化合物，还有不少的纤维和蛋白质。在大吃大喝之后的第二天，胃和身体如果都疲惫的话，就像吃零食一样吃几颗豌豆荚吧，但又好像是在吃一顿极为简单的营养餐。

▶材料 + 自制沙拉汁

蜂蜜
2 勺

鸡胸肉
2 块

薄荷
5 片

豌豆荚
200g

芒果
2 个

熟松子
20 粒

特级初榨橄榄油
2 勺

红酒醋
2 勺

青柠汁
1 勺

鲜橙汁
2 勺

主菜　　　　配菜　　　　　　　　配汁

▶开始制作美味吧

**Step1** 沸水中将甜豆荚煮熟，以豆荚颜色鲜亮、口感脆嫩为佳。取出晾凉，滤去水分。

**Step2** 烤箱中烤盘上涂一点橄榄油，将鸡胸肉烤 3 分钟左右，翻面再烤 2 分钟至表面焦黄，放凉后将鸡胸肉切片。

**Step3** 芒果去皮切片。把甜豆荚、烤鸡胸肉、芒果、薄荷、松子放进沙拉碗中。

**Step4** 将橙汁、青柠汁、红酒醋、蜂蜜和橄榄油混合均匀，加盐和黑胡椒调味后淋在所有的食材上即可。

Tips　煮豌豆荚的时候，水中放一点点盐和食用油，会使豆荚的颜色更加翠绿好看哦！

▶ 沙拉小女王励志宣言

《单身情歌》悲情的唱：减不掉赘肉的我，总是眼睁睁看着男友溜走。世界上苗条的人到处有，为何扔下我一个⋯⋯

第 6 天　141

亲爱的姐妹们，你们有没有尝试过用起泡酒来调制水果沙拉呢？小女王自己很喜欢这样的搭配：清甜多汁的水果浸在不断冒着泡泡的起泡酒里，水果的芳香和淡淡的酒香轻轻地刺激我们的味蕾。在夏日，这样的组合真的是非常解暑提神呢！今天就要教给姐妹们的这道起泡酒蜜瓜沙拉，希望能带给大家清新舒爽的感受哦！这道沙拉的热量仅仅 200 千卡呢！

## 起泡酒蜜瓜沙拉

### 沙拉主角——蜜瓜

蜜瓜瓜型美观、色泽鲜艳，香味浓郁、甜脆可口，是生食瓜类里的特佳品种。食用蜜瓜对人体造血机能有显著的促进作用，可以用来作为贫血的食疗佳品。中医认为，甜瓜类的果品性质偏寒，还具有疗饥、利便、益气、清肺热、止咳的功效，适宜于肾病、胃病、咳嗽疲喘、贫血和便秘的朋友哦。

▶材料 + 自制沙拉汁

| 蜜瓜 0.5 个 | 西瓜 1 块 | 菠萝 0.5 个 | 薄荷 5 片 | 起泡酒 1 杯 | 白糖 2 勺 |

主菜　　　　　　　　配菜　　　　　　　　配汁

▶开始制作美味吧

**Step1** 蜜瓜、西瓜、菠萝切成相同大小的三角形，放进沙拉碗中。

**Step2** 将白糖倒进起泡酒中，搅拌至融化，倒进沙拉碗中，用保鲜膜包好，在冰箱中放置 1 个小时左右，直至味道渗进水果中。

**Step3** 食用前，薄荷切细丝，撒在水果上即可。

**Tips**
可以添加任何你喜欢的水果哦！不喜欢酒类饮料的姐妹们可以用冰镇的苏打水或者汤力水代替。

⬇ 沙拉小女王励志宣言

我们的目标是做一个最快乐的女人！最妖艳的娇妻！最性感的辣妈！

姐妹们，你们喜欢牛油果吗？它真的是一种很特别的食材，虽然划归在水果里，可是常常用来制作各种菜肴，尤其以沙拉为主。成熟美好的牛油果的口感真的像是黄油般细腻丰富，但又带有一点点特别的香气。不喜欢它的人可能是因为它本身没有什么味道，但实际上它可以和各种调味品搭配，又能很好地吸收别的味道。而且它的营养非常丰富呢，稍微不足的是它的热量有点高，所以今天这道要教给大家的沙拉我们就只用两个牛油果了，小女王计算了一下，这道沙拉的热量大概是 650 千卡哦！

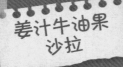

## 姜汁牛油果沙拉

### 沙拉主角——牛油果

牛油果是一种著名的热带水果，果肉含有多种不饱和脂肪酸，有降低胆固醇的功效哦。另外，牛油果所含的维生素E、叶酸对美容、保健等也有功效，姐妹们怎么能错过这么美好的水果呢？！

▶材料 + 自制沙拉汁

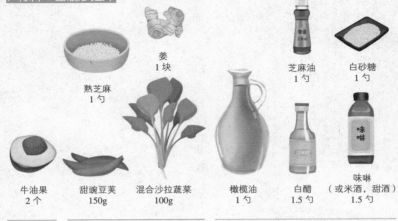

熟芝麻
1 勺

姜
1 块

芝麻油
1 勺

白砂糖
1 勺

味啉

牛油果
2 个

甜豌豆荚
150g

混合沙拉蔬菜
100g

橄榄油
1 勺

白醋
1.5 勺

味啉
（或米酒，甜酒）
1.5 勺

主菜　　　　　配菜　　　　　　　　配汁

▶开始制作美味吧

**Step1**　牛油果对半切开，去核，挖出果肉，切成细片。

**Step2**　甜豌豆荚洗净去筋，在沸水中加入少量油和盐，煮 2 分钟左右，至熟为止，将其取出用冷水冲一下，用厨房纸滤去水分。沙拉蔬菜洗净滤水。

**Step3**　姜剁成细蓉，与味啉、白醋、糖、橄榄油和芝麻油混合搅拌均匀。

**Step4**　将所有处理好的食材放在沙拉碗中，倒入调好的沙拉汁，拌匀就可以开动啦！

Tips　牛油果可在超市的外国水果柜台买到。一般刚买来的牛油果会比较硬，需要稍微放置 2 ~ 3 天待其变软为止。剖开的牛油果如果有黑色的部分，说明太熟了，最好挖掉不用。

⬇沙拉小女王励志宣言
我们可以不节食，但却可以考虑做一名素食美女。

姐妹们、你们在路上行走的时候，会不会也像小女王一样，被路边的烤玉米摊散发出来的迷人焦香深深吸引呢？烤玉米虽然好吃，可是路边摊毕竟不太卫生哦，所以小女王今天就给大家介绍一道烤玉米沙拉，一样的香味扑鼻，但是却更健康更可口哦。只需要一点点创造力就足以让这道沙拉耀眼起来哦！快来试试吧，这道沙拉的热量仅有 400 千卡呢！

### 沙拉主角——玉米

玉米富含维生素 C 等营养成分，有长寿、美容、明目、预防高血压和冠心病等作用。吃玉米时应把玉米粒的胚尖全部吃进，因为玉米的许多营养都集中在这里。玉米熟吃更佳，烹调尽管使玉米损失了部分维生素 C，却获得了更有营养价值的更高的抗氧化剂活性。

# 烤玉米沙拉

## ▶材料 + 自制沙拉汁

新鲜罗勒叶（也可不用）
3 片

新鲜玉米
2 个

小西红柿
10 个

熟杏仁
1 把

葱
1 根

橄榄油
2 勺

红酒醋
1 勺

主菜　　　　　　　　　配菜　　　　　　　　　　　　　配汁

## ▶开始制作美味吧

**Step1**　混合小西红柿、葱、橄榄油和红酒醋、盐和黑胡椒在一个沙拉碗中，用保鲜膜包好放进冰箱冷藏。

**Step2**　玉米去皮和头尾，对半切开后表面涂橄榄油，撒上盐和黑胡椒。用平底锅或烤箱煎或烤 5 分钟，翻面再煎或烤 5 分钟至表面开始焦黄。

**Step3**　罗勒叶切碎，和熟杏仁一起加入冷藏好的小西红柿和调料汁中。放入做好的玉米拌匀即可。

**Tips**　玉米最好选用老玉米，玉米粒更有嚼头，如果是嫩玉米，烤与煎的时候会出很多水，影响口感。

**⬇沙拉小女王励志宣言**

等本女王瘦下来，照相的时候要冲到最前边，买衣服的时候要专挑浅色，短裙都嫌长，只穿包臀裤！

亲爱的姐妹们，在小女王看来，荔枝无疑是一种美味的水果，可是多食的话会容易上火哦，所以最好的办法就是让荔枝和其他食材搭配起来，做成可口的沙拉，这样就不会一不注意食用过多了哦！今天小女王介绍给大家的这道荔枝薄荷沙拉，清甜滋润不上火，非常适合在炎热的夏季食用，快来一起试试吧！这道沙拉的热量只有 300 千卡哦！

## 荔枝薄荷沙拉

### 沙拉主角——荔枝

荔枝果肉半透明凝脂状、味道香美、形态诱人。杨贵妃因喜食荔枝而闻名，使得杜牧写下"一骑红尘妃子笑，无人知是荔枝来"的千古名句。荔枝肉含丰富的维生素 C 和蛋白质，有助于增强机体免疫功能、提高抗病能力。荔枝还可促进微细血管的血液循环，防止雀斑的发生，令皮肤更加光滑。

▶材料 + 自制沙拉汁

荔枝罐头（或鲜荔枝 1 把）　　橘子　　薄荷叶　　　　　　原味酸奶
　　　　1 听　　　　　　　　 4 个 　　3 束　　　　　　　 1 杯

主菜　　　　　　　　　　配菜　　　　　　　　　　配汁

▶开始制作美味吧

**Step1** 打开荔枝罐头，取出荔枝肉，保留汁水。将汁水在容器里加热煮沸至黏稠。放凉待用。

**Step2** 橘子剥开去橘瓣，把荔枝肉和橘瓣放进凉了的荔枝糖浆中。

**Step3** 薄荷切碎撒在拌好的荔枝和橘子上。

**Step4** 食用时搭配原味酸奶。

Tips

如果使用新鲜荔枝，可以用一部分荔枝加少量冰糖熬成糖浆，取出煮过的荔枝即可。

⬇沙拉小女王励志宣言

为什么周围的闺蜜都比你瘦？就是每次在劝你多吃保重身体的时候，自己却偷偷地控制饮食。看，她们欺负你脑子油厚不好使。

神奇美味沙拉
10 周 70 道

第 **3** 天　　149

生菜，顾名思义，就是生着吃的菜，也就是说，是最适合做沙拉的菜咯！今天小女王要把生菜从以前的配角变成主角，让它和煎得香脆的培根搭配在一起，看看能有什么样惊艳的效果呢，这就是现在要教给大家的腌生菜沙拉哦，亲爱的姐妹们，快和小女王一起尝试下吧，这道沙拉的热量只有400千卡哦！

### 沙拉主角——生菜

生菜质地脆嫩，口感鲜嫩清香。在崇尚形体苗条的当今世界，备受人们喜爱。所以生菜不愧为沙拉里边的当家菜。生菜中含有膳食纤维和维生素C，有消除多余脂肪的作用，故又叫减肥生菜；洗净的生菜叶片置于冷盘里，再配以色彩鲜艳的其他蔬菜或肉类、海鲜，即是一盘色、香、味俱佳的沙拉。用叶片包裹牛排、猪排或猪油炒饭，也是一种广为应用的食用法。总之，生菜有各种各样的食用法，大家可以尽情的按自己口味烹调。

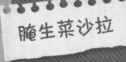

## 腌生菜沙拉

▶材料 + 自制沙拉汁

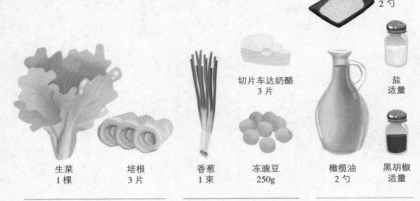

糖
2 勺

切片车达奶酪
3 片

盐
适量

生菜
1 棵

培根
3 片

香葱
1 束

冻豌豆
250g

橄榄油
2 勺

黑胡椒
适量

主菜　　　　　　配菜　　　　　　配汁

▶开始制作美味吧

Step1　生菜洗净用手撕成小片，滤干水分待用。

Step2　用平底锅将培根煎至焦黄，用厨房纸吸去油分，切成细丝待用。

Step3　香葱切葱花，冻豌豆在沸水中煮熟滤干水后放凉待用。车达奶酪切成细条。

Step4　在沙拉碗中放入生菜、香葱，在另一只碗中放入橄榄油、糖、盐和黑胡椒调好后，将汁淋在生菜上，用保鲜膜包好后在冰箱中腌1小时左右，取出，撒上奶酪和培根丝即可。

**Tips**　车达奶酪片可以在超市的奶酪柜台买到，就是通常用来夹面包或汉堡的就行。姐妹们也可以选择低脂或无脂的奶酪片，更健康哦！

🔻沙拉小女王励志宣言

减肥要有毅力。这毅力要如黄河之水，滔滔不绝；又如山间小溪，源远流长。

姐妹们，夏日里来一道什么样的沙拉既开胃又营养丰富同时还不易发胖呢？小女王的选择就是海鲜沙拉，不需要过度的烹饪，只要选用新鲜的食材很容易就完成了呢！所以今天小女王要介绍给大家的就是这样一道贻贝鲜虾沙拉。鲜美的贻贝和虾经过简单的加工，搭配上爽口的蔬菜和清爽的沙拉汁，简直太美好了，而且这道沙拉的热量才500千卡哦！现在就和小女王一起试试吧！

## 贻贝鲜虾沙拉

### 沙拉主角——贻贝

贻贝是海蚌的一种，北方叫海虹，南方叫淡菜。贻贝肉含有大量的有机营养成分，如丰富的维生素、氨基酸、高度不饱和脂肪酸等。贻贝肉细嫩，味道鲜美，营养价值要高于一般的鱼、虾、肉等，并能促进人体的新陈代谢，对人体的营养供给起到了积极的作用，因此贻贝有"海中鸡蛋"的美誉。

▶材料＋自制沙拉汁

大蒜 3瓣　洋葱 1个　小西红柿 10个
盐 适量　黑胡椒 适量　番茄酱 1勺
虾 250g
贻贝 250g　茄子 1个　红彩椒 1个　香菜 1束
特级初榨橄榄油 0.5杯　白葡萄酒 0.5杯　醋 1勺

主菜　　配菜　　配汁

▶开始制作美味吧

 **Step1** 贻贝洗净外壳，放在平底锅中，放少量白葡萄酒煮3～4分钟，至所有贻贝的壳都打开，待用。

 **Step2** 虾去头、肠线，只留尾部少量壳，放在平底锅中，加入少量橄榄油翻炒至熟，待用。

 **Step3** 茄子切细条，红彩椒去籽切细条，小西红柿对半切开，分别放在平底锅中用橄榄油和切片的大蒜煎熟。洋葱切细丝。

 **Step4** 在一个碗中放入醋、番茄酱、橄榄油、盐和黑胡椒调匀。在大沙拉碗中放入准备好的贻贝、虾和蔬菜，用沙拉汁拌匀，最后放上香菜碎即可。

 **Tips** 食用前可以挤些柠檬汁，能起到去腥提味的作用哦！

↓沙拉小女王励志宣言

减肥不再是一种身体的需要，而是成了女性们一种精神的会餐。

亲爱的姐妹们，你们喜欢日式照烧鸡排那独特的口感吗、淡淡的甜味在咸香中若隐若现，还略带一丝烧烤的焦香。小女王一直在考虑怎么把这种好吃的食物和沙拉结合起来，让它变得既美味又不容易发胖。把白米饭弃掉吧，换成薄薄的胡萝卜片，健康又营养呢，这道沙拉的热量现在就只有600千卡咯！

## 照烧鸡肉胡萝卜沙拉

### 沙拉主角——鸡肉

鸡肉中蛋白质的含量较高，氨基酸种类多，而且消化率高，很容易被人体吸收利用，有增强体力、强壮身体的作用。鸡肉含有对人体生长发育起重要作用的磷脂类，是中国人膳食结构中脂肪和磷脂的重要来源之一。鸡肉对营养不良、畏寒怕冷、乏力疲劳、月经不调、贫血、虚弱等症有很好的食疗作用。

▶材料＋自制沙拉汁

白糖
1 勺

味啉（或米酒）
3 勺

胡萝卜
2 根

红辣椒
1 根

去骨鸡腿肉
2 块

熟芝麻
1 勺

香菜
1 束

减盐酱油
（或生抽）3 勺

特级初榨橄榄油
3 勺

米醋
2 勺

蜂蜜
1 勺

主菜　　　　　　配菜　　　　　　　　　　　　配汁

▶开始制作美味吧

**Step1**　鸡肉擦干水分，准备好竹签，混合减盐酱油（或生抽）、味啉（或米酒）、蜂蜜，将鸡肉串好腌制 5 ~ 10 分钟，平底锅里放少量橄榄油，将鸡肉煎至表面略焦黄，翻面。倒入剩余的腌汁，烧开。将鸡肉取出待用。

**Step2**　胡萝卜用刨子刨成薄片，香菜洗净切碎，红辣椒去籽切碎。用米醋、白糖、2 勺水和少许盐混合好，在容器里低温加热 1 分钟，至糖融化为止。放凉后淋在胡萝卜、香菜碎、红辣椒碎和熟芝麻上。搭配鸡肉一起食用吧！

**Tips**
　　照烧汁的做法：照烧汁比较适合搭配鸡肉或鱼肉。主要味道来源就是酱油，味啉（或米酒）及蜂蜜。蜂蜜有增香提味的效果，如果是烤制肉类的话，可以在最后几分钟再刷一遍蜂蜜，这样色泽会更红亮好看。

⬇沙拉小女王励志宣言
超过晚上 6 点不要吃东西，饿了就忍！不然就滚去睡觉或找点事情做！

许多女孩子都喜欢酸酸甜甜的莓类水果，颜色诱人，味道浓郁、气味芬芳。莓类水果确实对女性的健康和美容有很大的益处，也常常在水果沙拉中占很重要的地位。所以今天小女王就教大家一道树莓西瓜薄荷沙拉，西瓜可以很好地中和树莓的酸，而薄荷又给这道沙拉带来一丝清凉爽口的风味。这道沙拉的热量也非常低哦，只有440千卡，快来和小女王一起制作吧！

### 树莓西瓜薄荷沙拉

### 沙拉主角——树莓

树莓中的维生素 E 含量也居各类水果之首。天然超氧化物歧化酶和维生素 E 是极好的人体清道夫，能够消除人体产生的大量有害代谢物质，提高人体免疫力，从根本上改善人体的内在环境，达到美容、养颜、延年益寿的目的。在美国，红树莓被视为癌症克星，人们赞誉它为"红宝石"哦。

▶材料 + 自制沙拉汁

白糖
2 勺

树莓
200g

西瓜
1 块

草莓
250g

熟榛子
0.5 杯

薄荷叶
少量

水
1 杯

柠檬汁
3 勺

主菜　　　　　　　　　　　　　配菜　　　　　　　　　　　　　配汁

▶开始制作美味吧

**Step1**　树莓洗净，草莓对半切开，西瓜切小块，放进沙拉碗中。

**Step2**　在小容器中把水烧开，加入柠檬汁、白糖，煮至白糖完全融化。
　　　　放凉后淋在水果上。

**Step3**　最后撒上切成细丝的薄荷和熟榛子即可。

**Tips**
柠檬汁可用青柠汁代替，更加清新哦，不过也更酸，不喜酸的姐妹们就不要用啦！

⬇ 沙拉小女王励志宣言
晚上是最容易"想入非非"的时候，也是意志力最薄弱的时候，只要忍住晚餐的诱惑，第二天一觉醒来，摸摸平坦的小腹就会觉得昨天晚上的忍耐，一切都值得！

第 7 天　　157

姐妹们，我们都知道早餐是一日三餐中最重要的一餐，早餐吃得好，一天有精神！所以今天小女王隆重地给大家推荐一道让你精神焕发的早餐沙拉，美好的一天从有营养的早餐开始吧，以草莓为主的水果沙拉，配上酸甜适中的酸奶，可以帮你打开味蕾，赶走瞌睡哦！而且这道沙拉的热量只有350千卡呢！

### 沙拉主角——草莓

在欧洲，草莓早就享有"水果皇后"的美称，并被作为儿童和老年人的保健食品。女性常吃草莓，对皮肤、头发均有保健作用。中医学认为，草莓性味甘酸，性凉，能润肺生津、健脾和胃、补血益气、凉血解毒，对动脉硬化、高血压、冠心病、坏血病、结肠癌等疾病有辅助疗效。

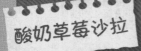

## 酸奶草莓沙拉

▶ 材料 + 自制沙拉汁

| | | |
|---|---|---|
| 苹果 1个 | 橙子 2个 | 蜂蜜 2勺 |
| 草莓 250g | 香蕉 2根 | 烤杏仁 2勺 | 酸奶 1杯 |

主菜　　　　　　　配菜　　　　　　　配汁

▶ 开始制作美味吧

**Step1** 草莓切四瓣，香蕉、橙子、苹果切成相同大小的块。

**Step2** 烤杏仁装入保鲜袋中，用擀面杖碾碎。

**Step3** 将所有水果放进沙拉碗中，蜂蜜混入酸奶中搅匀，拌在水果中即可。

Tips
　　可以选用任何你喜欢的水果，烤杏仁碎也可以用其他坚果碎代替。草莓还可以减肥，因为它含有一种叫天冬氨酸的物质，可以自然而平缓地除去体内的"矿渣"。

⬇ 沙拉小女王励志宣言
减少饮料的摄入，从只喝白开水开始；减少食物的热量，从少油开始。

第❶天　　159

相信姐妹们都熟知木瓜对女性的妙处吧，嘻嘻，那通常是指成熟的木瓜，甘甜多汁，口感细滑。而未成熟的木瓜则称为青木瓜，在东南亚一带常常被当作沙拉的主要食材。今天小女王就给大家介绍一道泰式青木瓜沙拉，清脆爽口的青木瓜配上泰式菜肴中特有的小红辣椒和鱼露，真是完美的开胃菜呢！而且这道沙拉的热量才 350 千卡哦！

### 泰式青木瓜沙拉

### 沙拉主角——青木瓜

青木瓜是一种营养丰富、有百益而无一害的"果之珍品"。青木瓜自古就是第一丰胸佳果，木瓜中丰富的木瓜酶对乳腺发育很有助益，而木瓜酵素中含丰富的丰胸激素及维生素 A 等养分，能刺激卵巢分泌雌激素，使乳腺畅通，达到丰胸的目的。

四季豆
2 根

虾米
2 勺

青木瓜
1 个

小西红柿
10 个

熟花生
20g

小红辣椒
1 个

柠檬汁
1 杯

鱼露
2 勺

糖
1 勺

主菜　　　　　　　　配菜　　　　　　　　　　配汁

▶开始制作美味吧

**Step1**　青木瓜去皮去籽，刨丝后洗净滤干水分待用。

**Step2**　虾米切碎，小西红柿、四季豆切成丁，辣椒、花生切碎。

**Step3**　将青木瓜丝与酸菜中的材料拌匀，加入柠檬汁、鱼露和糖，拌匀。放入冰箱冷藏 1 小时后，即可食用。

Tips　如果不喜欢小红辣椒的生辣，可以使用泰式甜辣酱和柠檬汁鱼露调成沙拉汁使用。

↓ 沙拉小女王励志宣言

不管用什么方法瘦，只要你不坚持不控制，就一定会反弹回来。

亲爱的姐妹们，今天我们要学做一道洋葱蔬菜虾仁沙拉，这是我最喜欢的沙拉之一。洋葱独有的香味和虾仁的嫩滑，配以新鲜的蔬菜，真是一顿好吃又健康的沙拉大餐，而且热量只有230千卡哦！

PART 3

## 沙拉主角——洋葱

洋葱是目前所知惟一含前列腺素A的蔬菜。前列腺素A有扩张血管、预防血栓形成等作用。洋葱还有突出的防癌功效，这主要因为它富含的硒元素。此外，洋葱中含有植物杀菌素如大蒜素等，有很强的杀菌能力，能有效抵御流感病毒、预防感冒。

# 洋葱蔬菜虾仁沙拉

▶材料 + 自制沙拉汁

鲜奶油
少量

盐
少量

虾
15 个

白洋葱
1 个

紫洋葱
0.5 个

生菜
50g

紫甘蓝
50g

橄榄油
1 勺

柠檬汁
1 勺

主菜

配菜

配汁

▶开始制作美味吧

**Step1** 将白洋葱、紫洋葱切丝，生菜、紫甘蓝洗净后撕成小片，滤干水分。

**Step2** 虾去头剥皮，挑出虾线，用柠檬汁和橄榄油腌制 15 分钟。

**Step3** 将腌制好的虾在锅内快速翻炒，致虾身颜色变白发出香味，装盘。

**Step4** 将洋葱丝、蔬菜和炒熟的虾肉混合在一起。

**Step5** 淋上柠檬汁和橄榄油调配的沙拉汁，再加入少量鲜奶油和少量盐搅拌均匀，即可享用。

**Tips**

　　一般超市中的海鲜都是放在冰块上的，在挑选时应注意虾壳是否硬挺有光泽，虾头、壳身是否紧密附着虾体，有无剥落。另外，还要注意虾体肉质的坚密及弹性程度。

⬇ 沙拉小女王励志宣言

今天减肥不成功，明天别人取笑中。虽然我们不为别人而活，但是我们要努力让自己活得漂亮！

神奇美味沙拉
10 周 70 道

第 **3** 天　　163

姐妹们、你们知道吗？紫色的蔬菜对女性的健康和美容非常有益处，因为富含抗衰老的花青素，而且通常此类的蔬菜纤维素也很丰富，可以帮助肠道活动、通便清肠。所以今天小女王要教给大家一道以紫甘蓝为主的沙拉，配上甜甜脆脆的鸭梨，特别的美味健康哦，而且热量只有400千卡哦！

## 紫甘蓝鸭梨沙拉

### 沙拉主角——紫甘蓝

凡是经常吃甘蓝蔬菜的人，都能轻而易举地满足机体对纤维素的需求。这类蔬菜中含有的大量纤维素，能够增强胃肠功能，促进肠道蠕动，并降低胆固醇水平。此外，经常吃甘蓝蔬菜还能够防治过敏症，因此皮肤过敏的朋友最好把甘蓝视为一道保留菜哦。

▶ 材料 + 自制沙拉汁

| 紫甘蓝 | 鸭梨 | 洋葱 | 熟松子 | 橄榄油 | 红酒醋 | 黑胡椒 |
| 0.5个 | 2个 | 1个 | 40g | 2勺 | 2勺 | 适量 |

盐
适量

主菜      配菜      配汁

▶ 开始制作美味吧

**Step1** 紫甘蓝切细丝，鸭梨去皮切薄片，洋葱切细丝。

**Step2** 混合橄榄油、红酒醋、盐和黑胡椒，搅拌均匀。

**Step3** 将沙拉汁淋在拌好的食材上，撒上熟松子即可。

Tips
如果没有红酒醋，可以用柠檬汁代替，味道更加清新！熟松子也可以换成自己喜欢的其他坚果碎，丰富口感哦。

↓ 沙拉小女王励志宣言

只要身材火辣，可以尽情地在甜品店打造美女配甜品的美丽景象，而不是一枚肥妞在偷吃。

爱吃西餐的姐妹们，你们一定经常能够品尝到多种多样的意大利面吧，饿的时候来一份，香浓的酱汁和饱满的面条一定能让你感到非常满足，不过现在也有一种趋势就是把意大利面当作沙拉的一种主要食材来烹饪，例如今天小女王教给大家的这道意面海鲜沙拉，可爱的螺旋面配上新鲜的蔬菜和虾，还有开胃的沙拉汁，真是太棒啦！而且热量只有500千卡哦！

## 沙拉主角——意面

都说吃面食容易让人长胖，但意大利面是个例外。意大利人平均寿命长，且肥胖者较少，就与他们爱吃的意大利面密切相关。意大利面的原料是硬小麦。这种硬小麦既含丰富蛋白质，又含复合碳水化合物。这种碳水化合物在人体内分解缓慢，不会引起血糖迅速升高。只要遵循正确的烹制方法，合理配料，就可既享受意式面的美味，又拥有好身材。

# 意面海鲜沙拉

▶材料 + 自制沙拉汁

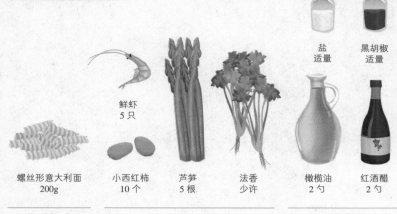

盐
适量

黑胡椒
适量

鲜虾
5 只

螺丝形大利面
200g

小西红柿
10 个

芦笋
5 根

法香
少许

橄榄油
2 勺

红酒醋
2 勺

主菜　　　　　　配菜　　　　　　配汁

▶开始制作美味吧

 **Step1** 螺丝面在加了盐和少量油的沸水中煮7 ~ 10分钟，视个人喜欢的软硬程度而定。

 **Step2** 芦笋洗净切小段在沸水中稍煮1 ~ 2分钟，取出用凉水冲片刻。虾去头去壳去肠线，在沸水中烫熟。

 **Step3** 小西红柿对半切开，法香切碎。将所有食材放在沙拉碗中。

 **Step4** 橄榄油、红酒醋、盐和黑胡椒调成汁，淋在食材上即可。

**Tips** 这道沙拉凉吃可做前菜或配菜，热吃就是主食啦！可以一次稍微多做一点，吃不完放在冰箱里哦！

⬇ 沙拉小女王励志宣言

不要渴望别人监视你，提醒你，督促你，你连你自己都管不了的话还指望别人可以用佩服认可的眼光看着你吗？

亲爱的姐妹们，鱿鱼是我们经常食用的海鲜之一，它通常被制成鱿鱼干，便于保存，但是鲜鱿鱼也很美味哦，而且不需要泡发的过程，能很好地保持它的鲜美口感。所以今天小女王就带给大家一道香辣鱿鱼沙拉，煎得香脆的鱿鱼搭配上南瓜的甜糯和其他蔬菜的清香，非常的开胃哦！而且它的热量只有 550 千卡呢！

PART 3

## 香辣鱿鱼沙拉

### 沙拉主角——鱿鱼

鱿鱼的营养价值很高、富含人体必需的多种氨基酸，且必需氨基酸的组成成分接近全蛋白，是一种营养保健型且风味很好的水产品。在中医上说，鱿鱼也是一种对女性健康很有好处的食物，它可以通经，入肝补血，生理期有些小毛病的姐妹们不妨尝试下鱿鱼，也许会有改善哦！

▶材料 + 自制沙拉汁

盐
1 勺

白胡椒
1 勺

辣椒粉
1 勺

西红柿
1 个

香菜
1 束

花生油

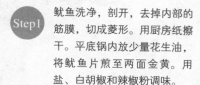

鲜鱿鱼
1 只

生菜
0.5 个

黄瓜
1 根

南瓜
0.25 块

柠檬
0.5 个

香葱
1 束

花生油（或橄榄油）
适量

主菜

配菜

配汁

▶开始制作美味吧

**Step1**
鱿鱼洗净，剖开，去掉内部的筋膜，切成菱形。用厨房纸擦干。平底锅内放少量花生油，将鱿鱼片煎至两面金黄。用盐、白胡椒和辣椒粉调味。

**Step2**
生菜洗净叶子，滤干水铺在沙拉碗底。黄瓜切片，南瓜切小块放在平底锅中煎至表面金黄。西红柿切小块。香葱、香菜切碎待用。

**Step3**
将煎好的鱿鱼、南瓜、黄瓜、西红柿放在生菜上，用少量盐调味，撒上香葱、香菜碎。

**Step4**
食用前将柠檬汁挤在沙拉上即可。

**Tips**

鱿鱼等海鲜类决不可与维生素C含量高的柑橘类水果同食，也不可与高蛋白食品同时吃，易造成大分子蛋白质过敏。对于过敏体质的人来说，吃鱿鱼最好不喝酒，酒精易增强过敏反应。

🔻沙拉小女王励志宣言

把睡前闭目幻想自己风姿绰约的样子当成一种业余爱好，每天幻想，梦中带笑。

亲爱的姐妹们，扁豆可是夏季的常见菜之一，但是很多姐妹也许有这样的困惑，就是扁豆实在是一种不易烹调的食物，除了清炒或者腌制成酸扁豆，很难料理出美味的菜品。但是今天小女王就要教给大家一道让扁豆神奇变身的沙拉——扁豆鸡蛋沙拉，虽然主菜和配菜都很常见，但是搭配出来却是健康又美味哦！现在就和小女王一起制作吧，而且这道沙拉的热量只有400千卡哦！

> ### 沙拉主角——扁豆
>
> 众所周知，扁豆的最大功效就是健脾和中，消暑化湿。尤其是立秋后吃点扁豆健脾助消化。扁豆其嫩荚是蔬菜，种子可入药。从中医说来，立秋到秋分这段时间叫"长夏"。姐妹们一定要记得多吃扁豆哦。

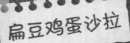

**扁豆鸡蛋沙拉**

▶材料 + 自制沙拉汁

盐
适量

黑胡椒
适量

小水萝卜
4个

扁豆
200g

煮熟的鸡蛋
2个

生菜叶
3匹

西红柿
1个

香葱
2束

橄榄油
2勺

柠檬汁
1勺

主菜

配菜

配汁

▶开始制作美味吧

**Step1** 扁豆剔去筋，择成小段，放在沸水中烫3分钟左右，取出滤水晾干。

**Step2** 鸡蛋切小块。生菜叶洗净，滤干水，撕成小片。小水萝卜和西红柿切小块，香葱切碎。

**Step3** 所有食材放进沙拉碗中待用。将橄榄油、柠檬汁、盐和黑胡椒混合成汁，淋在沙拉上即可。

**Tips** 扁豆要焯熟，在焯水时加少许盐和色拉油，可以使扁豆颜色显得更鲜嫩。其他蔬菜也可自行搭配，营养更丰富。

↓ 沙拉小女王励志宣言

没有外在美，谁愿意直接就来了解你的内在美呢？！

亲爱的姐妹们，我们常说美女是吃出来的，这话非常有道理，食物一方面满足我们的口腹之欲，一方面提供给我们各种营养，所以选择对的食物，就能让我们既健康又美丽。尤其对女性来说，因为特殊的生理构造，需要铁质的补充，所以我们经常需要食用含铁丰富的食物，西芹就是这样一种对我们特别有益的食物，小女王就要教给大家一道西芹苹果沙拉，这道沙拉的热量很低哦，只有250千卡呢！

## 西芹苹果沙拉

### 沙拉主角——西芹

西芹又名西洋芹菜，其营养丰富，富含蛋白质、碳水化合物、矿物质及多种维生素等营养物质，还含有芹菜油，具有降血压、镇静、健胃、利尿等疗效，是一种保健蔬菜。西芹含铁量较高，能补充妇女经血的损失，常常食用能避免皮肤苍白、干燥、面色无华，而且可使目光有神，头发黑亮。

▶材料 + 自制沙拉汁

熟核桃
1 把

盐
少量

苹果
4 个

西芹
4 匹

洋葱
0.5 个

橄榄油
2 勺

柠檬汁
1 勺

糖
1 勺

主菜　　　　配菜　　　　　　　配汁

▶开始制作美味吧

**Step1** 苹果切薄片，西芹切小块，洋葱切片，核桃掰成小块。

**Step2** 混合橄榄油、柠檬汁、糖和盐，调成沙拉汁待用。

**Step3** 将苹果、西芹、洋葱、核桃放进沙拉碗中，淋上沙拉汁即可。

**Tips**

核桃碎也可以换成腰果碎，不过都要适量哦。西芹装盘后再将坚果倒入盘中，这样才能更好地保证坚果的脆度！

↓ 沙拉小女王励志宣言

在食堂即使没吃饱，也绝不走向窗口！马上离开餐桌！

第 1 天　　173

亲爱的姐妹们，你们喜欢芒果吗？只要一闻到那种浓郁香甜的气息，就让我感觉仿佛置身热带地区，伴着清凉的海风，心情舒畅极了。如果这时候来上一碗美好的沙拉，简直就太完美了！所以今天小女王就教大家一道有着浓浓海滨风格的鲜虾芒果沙拉，让虾的鲜香和芒果的香美相得益彰，再加上些爽脆的黄瓜和干香的腰果，如此丰满美妙的食物，姐妹们不想马上试试吗？这道沙拉的热量只有 600 千卡哦！

## 沙拉主角——芒果

芒果全身集热带水果和优点于一身，所以又被称为热带水果之王。芒果的维生素 A 的含量十分的高，这一点在水果中是十分罕见的，其次它的维生素 C 含量也不低哦。芒果营养丰富，食用芒果具有清肠胃、防治便秘、美化肌肤、抗癌的功效。但有些人容易对芒果过敏，一定要小心，而且芒果不宜多食哦！

# 鲜虾芒果沙拉

▶材料 + 自制沙拉汁

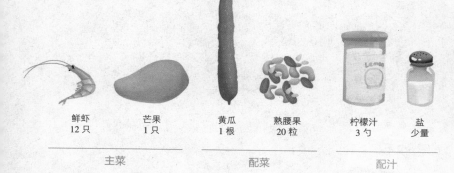

| 鲜虾 | 芒果 | 黄瓜 | 熟腰果 | 柠檬汁 | 盐 |
|------|------|------|--------|--------|-----|
| 12 只 | 1 只 | 1 根 | 20 粒 | 3 勺 | 少量 |

| 主菜 | 配菜 | 配汁 |
|------|------|------|

▶开始制作美味吧

**Step1** 鲜虾去虾线和头，在沸水中烫熟，水中加入适量盐。取出后用凉水冲凉，滤干水分待用。

**Step2** 芒果去皮，切成薄片。黄瓜刨成薄片。

**Step3** 混合虾、芒果、黄瓜和腰果，淋上适量柠檬汁即可。

这道沙拉讲究的就是原汁原味，所以只用最简单的柠檬汁来丰富口感和味道的层次，如果觉得太淡，可以将黄瓜片用盐稍微腌下，滤去多余的水分即可。

**Tips**

↓ 沙拉小女王励志宣言

我要瘦成一道闪电，劈死所有曾经说我是死胖子的人！

第 2 天　　175

亲爱的姐妹们，在你们的心目中，一碗好沙拉是什么样子的呢？在小女王看来，一碗好沙拉就是把自己喜欢的食材都放进沙拉碗里，加上美味的沙拉汁，在悠闲的午后，尽情的享用！所以今天带给大家的是一碗最简单也最丰富的鲜果沙拉，各种各样酸酸甜甜的水果搭配在一起，淋上一点点蜂蜜，真是太棒了！这碗沙拉的热量还很低呢，只有400千卡哦！快来试试吧！

## 鲜果沙拉

### 沙拉主角——菠萝

菠萝既是盛夏消暑、解渴的珍品，也是良好的减肥水果。果实含有菠萝酶，有帮助消化蛋白质、缓解支气管炎、利尿等功效，并对预防血管硬化及冠状动脉性心脏病有一定的作用。食用新鲜菠萝时，先将菠萝用盐水浸洗，味道会更甜。

▶材料 + 自制沙拉汁

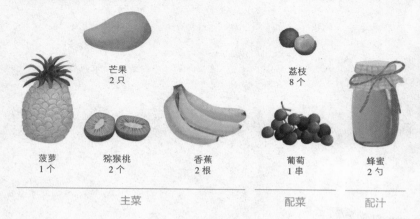

芒果
2 只

荔枝
8 个

菠萝
1 个

猕猴桃
2 个

香蕉
2 根

葡萄
1 串

蜂蜜
2 勺

主菜　　　　　　　　　　　配菜　　　配汁

▶开始制作美味吧

Step1　菠萝、芒果、猕猴桃去皮切小块，香蕉切片，葡萄洗净擦干水分，
荔枝去皮。

Step2　所有食材放进沙拉碗中，在冰箱里放置 2 小时左右。

Step3　食用前淋上蜂蜜，开动吧！

Tips　可以任意搭配你喜欢的各种水果哦！当然也可以用一杯希腊酸奶或中式老酸奶代替蜂蜜，口感更加醇厚。

▼沙拉小女王励志宣言

4 月不减肥，5 月徒伤悲，6 月路
人雷，7 月男友没，8 月被晒黑，
9 月更加肥，10 月相亲累，11 月
无人陪，12 月无三围，1 月肉更肥，
2 月不知谁……

亲爱的姐妹们，爱漂亮爱健康的女性是最美丽可爱的女性，要对自己好，对自己的健康负责。周末的中午不妨给自己的心情放个假，做一盘好吃又营养的沙拉是不错的选择哦，所以今天小女王带给大家的这道杏仁蜜桃沙拉就最合适不过了。香甜可口的蜜桃和富有营养的杏仁，搭配上清脆的黄瓜，给你的午餐增加点亮色吧！这道沙拉的热量只有350千卡哦！

## 杏仁蜜桃沙拉

### 沙拉主角——杏仁

杏仁是一种健康食品，适量食用不仅可以有效控制人体内胆固醇的含量，还能显著降低心脏病和多种慢性病的发病危险。研究发现，每天吃50～100克杏仁（大约40～60粒杏仁），体重不会增加。甜杏仁中不仅蛋白质含量高，其中的大量纤维可以让人减少饥饿感，这对保持体重很有益哦。

▶材料 + 自制沙拉汁

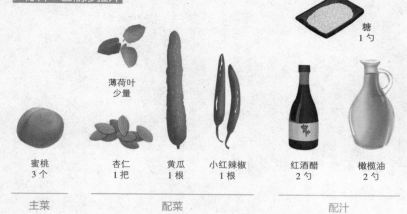

糖
1 勺

薄荷叶
少量

蜜桃
3 个

杏仁
1 把

黄瓜
1 根

小红辣椒
1 根

红酒醋
2 勺

橄榄油
2 勺

主菜　　　　　　配菜　　　　　　　　　配汁

▶开始制作美味吧

Step1　蜜桃去核切块，黄瓜切半月形薄片。

Step2　在容器中加入醋、糖，煮 5 分钟左右，加入去籽切碎的小红辣椒。
放凉待用。

Step3　沙拉碗中放蜜桃、黄瓜、杏仁和切碎的薄荷叶。淋上沙拉汁即可。

Tips
如果当季的蜜桃熟的比较透，可以选用汁水较少但香气更浓郁的油桃，适合切片造型。

⬇ 沙拉小女王励志宣言
闺蜜的衣服买小了，竟然拿到本女王面前说，亲，帮我穿一会儿，撑一撑吧。我发誓一定要比她还瘦，看到她惊讶的脸。

亲爱的姐妹们，小女王最喜欢的下午茶就是一份好吃又健康的水果沙拉，可是水果沙拉的搭配就那么几种，时间长了真的有点单调哦。不过今天小女王想到一道独特的水果沙拉，现在就和大家一起分享吧，这就是椰丝杂果沙拉哦！为了降低热量的摄入，小女王特别用蜂蜜来代替奶油哦，所以这道沙拉的热量只有500千卡呢！

### 沙拉主角——香蕉

一身黄金甲包裹着洁白的身躯，香甜、软滑的香蕉，不仅味美，营养价值也很高呢。特别是对长时间处在快节奏、高压力、久坐电脑前的白领们，由于不规律的饮食、不健康的坐姿和长时间缺乏运动，很多人都被胃肠疾病、皮肤疾病、便秘、痔疮等问题困扰，同时还可能会有心理方面的不适，抑郁、情绪低落等。而一根美味的香蕉，就能帮助你解决诸多的不适哦。

# 椰丝杂果沙拉

▶ 材料 + 自制沙拉汁

| 香蕉 | 菠萝 | 芒果 | 椰丝 | 蜂蜜 |
|---|---|---|---|---|
| 2个 | 1个 | 2个 | 2勺 | 2勺 |
| 主菜 | | | 配菜 | 配汁 |

▶ 开始制作美味吧

**Step1** 菠萝、芒果去皮切成块，香蕉去皮切片。放进沙拉碗里，均匀拌好后，用保鲜膜包好，放进冰箱冷藏 1 小时。

**Step2** 食用前取出，撒上椰丝，淋上蜂蜜即可。

**Tips**
椰丝含有丰富的维生素、矿物质和微量元素，以及椰肉中大部分的蛋白质，是很好的氨基酸来源。椰丝可以在海南特产的专卖店买到哦！

↓ 沙拉小女王励志宣言
肥胖是会呼吸的痛，它会活在你身上所有角落，吃肯德基会痛，吃麦当劳会痛，连喝水也会痛。

姐妹们，西红柿可是我们日常生活最熟悉不过的蔬果之一了！它既可以当作水果单独食用，也是美味蔬菜，可以随意与其他食材搭配，拌、炒、煮、炖样样行！在大部分的沙拉中西红柿都充当配角，今天小女王要介绍一道以西红柿为主要食材的花生酱西红柿鸡丝沙拉，这道沙拉的特别之处就是西红柿当上了主角，并且和花生酱这样并不常见的沙拉酱进行组合，现在就来试试吧！这道沙拉的热量是 500 千卡哦！

## 西红柿花生酱鸡丝沙拉

### 沙拉主角——西红柿

西红柿营养可以从生食、熟食获取不同的营养成分。生食：西红柿的营养价值是很丰富的，含有众所周知的维生素C、胡萝卜素及各种微量元素。熟食：西红柿经过加热后，可产生大量的番茄红素，它有助消化和利尿的功效。常食西红柿对肾脏病患者很有益处。

▶材料 + 自制沙拉汁

| 西红柿 | 鸡胸肉 | 卷心菜 | 花生酱 | 盐 |
| 2 个 | 1 块 | 0.25 个 | 3 勺 | 适量 |
| 主菜 | | 配菜 | 配汁 | |

▶开始制作美味吧

Step1　鸡胸肉洗净，在盐水中煮熟，取出后放凉用手撕成鸡丝。

Step2　西红柿切小块，卷心菜切细丝。将卷心菜丝铺在沙拉碗的底部，上面放鸡丝。用切好的西红柿围边。

Step3　用少量水将花生酱化开，加适量盐调匀，淋在食材上即可。

Tips　也可以加点紫甘蓝丝和卷心菜丝一起垫底，颜色更好看，更有食欲哦！

⬇沙拉小女王励志宣言
只要功夫深，就能瘦成针。

亲爱的姐妹们，在你们看来，夏天是什么颜色的呢？也许大部分人认为是绿色的，但小女王却认为夏天是红色的，红色象征着绽放、热情、饱满，所以今天的这道西柚草莓沙拉就是小女王在夏天里最喜欢制作的一道沙拉了！甜润的草莓和微酸带点苦涩的西柚搭配，还有脆脆的苹果和葡萄做配角，真是太适合在夏天里食用了，希望这碗美丽的沙拉也能带给姐妹们愉快的好心情哦！热量仅仅250千卡哦！

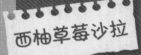

### 沙拉主角——西柚

西柚中含有宝贵的天然维生素P和丰富的维生素C以及可溶性纤维素，是含糖分较少的水果。维生素P可以增强皮肤及毛孔的功能，有利于皮肤保健和美容。维生素C可参与人体胶原蛋白合成，促进抗体的生成，以增强肌体的解毒功能。减肥人士的餐单都少不了它哟。

▶ 材料 + 自制沙拉汁

草莓
250g

西柚
3个

无籽西瓜
2块

苹果
2个

葡萄
1串

白糖
3勺

主菜

配菜

配汁

▶ 开始制作美味吧

**Step1** 先将一个西柚榨汁，将西柚汁和白糖放在火上烧开至糖完全融化，待汁变稠后放凉备用。

**Tips**

西柚的味道稍微有点苦涩发酸，不喜欢的姐妹可以用蜜柚代替哦！另外在清洗葡萄和草莓的时候，可以在盆中放入一勺淀粉，晃动均匀，这样清洗出来的水果晶莹剔透。

**Step2** 另外两个西柚去皮去果肉，掰成小块。西瓜、苹果、草莓切相同大小的块。葡萄洗净摘下。

**Step3** 西瓜放进沙拉碗中最下层，然后放西柚、苹果、葡萄和草莓，淋上西柚汁即可。

⬇ 沙拉小女王励志宣言

死了都要瘦，不瘦到90斤不罢休，减肥多苦，只有这样，才能瘦……预备唱！

# ★ 常见食物热量表 ★

## ★ 成人每日需要热量

成人每日需要的热量 = 人体基础代谢的需要的基本热量 + 体力活动所需要的热量 + 消化食物所需要的热量。

消化食物所需要的热量 =10%×（人体基础代谢的需要的最低热量 + 体力活动所需要的热量）

成人每日需要的热量 =1.1×（人体基础代谢的需要的最低基本热量 + 体力活动所需要的热量）

## ★ 成人每日需要的热量

男性：2210 ~ 2420 千卡

女性：1900 ~ 2100 千卡

注意：每日由食物提供的热量应不少于 1190 ~ 1790 千卡，这是维持人体正常生命活动的最少的能量。

## ★ 人体基础代谢需要的基本热量简单算法

女子：

基本热量（千卡）= 体重（斤）× 9

男子：

基本热量（千卡）= 体重（斤）× 10

## ★ 人体基础代谢需要的基本热量的精确算法

### 女子

18-30 岁：
14.6 × 体重（公斤）+ 450（千卡）
31-60 岁：
8.6 × 体重（公斤）+ 830（千卡）
60 岁以上：
10.4 × 体重（公斤）+ 600（千卡）

### 男子

18-30 岁：
15.2 × 体重（公斤）+ 680（千卡）
31-60 岁：
11.5 × 体重（公斤）+ 830（千卡）
60 岁以上：
13.4 × 体重（公斤）+ 490（千卡）

## ★ 热量的作用

热量来自于碳水化合物、脂肪、蛋白质。
碳水化合物产生热能 = 4 千卡 / 克；
蛋白质产生热量 = 4 千卡 / 克；
脂肪产生热量 = 9 千卡 / 克。

## ★ 热量的单位

1 千卡（kcal）= 1 大卡 = 4.184 千焦耳（kj）
1 卡是能使 1 毫升水上升摄氏 1 度的热量。

| 蔬菜类 | 食品名称 | 千卡/克 | 食品名称 | 千卡/克 | 食品名称 | 千卡/克 |
|---|---|---|---|---|---|---|
| | 竹笋（干） | 280/100 | 黄花菜 | 203/100 | 大蒜 | 148/100 |
| | 慈姑 | 105/100 | 莲藕 | 79/100 | 苜蓿 | 60/100 |
| | 土豆 | 81/100 | 芋头 | 94/100 | 荸荠 | 75/100 |
| | 山药 | 67/100 | 香椿 | 62/100 | 枸杞菜 | 90/100 |
| | 黄豆芽 | 44/100 | 胡萝卜 | 39/100 | 玉兰片 | 43/100 |
| | 鲜姜 | 43/100 | 洋葱 | 43/100 | 蒜苗 | 45/100 |
| | 西兰花 | 40/100 | 芥菜头 | 40/100 | 苦菜 | 35/100 |
| | 香菜 | 38/100 | 苋菜 | 42/100 | 辣椒 | 40/100 |
| | 青萝卜 | 33/100 | 茎蓝 | 38/100 | 芹菜叶 | 31/100 |
| | 青蒜 | 36/100 | 扁豆 | 31/100 | 大葱 | 37/100 |
| | 四季豆 | 29/100 | 豇豆 | 30/100 | 白扁豆 | 31/100 |
| | 木瓜 | 31/100 | 荷兰豆 | 31/100 | 豌豆苗 | 30/100 |
| | 茄子 | 27/100 | 韭菜 | 29/100 | 白菜苔 | 30/100 |
| | 菠菜 | 27/100 | 茭笋 | 32/100 | 雪里红 | 26/100 |
| | 小叶芥菜 | 27/100 | 菜花 | 29/100 | 茴香 | 28/100 |
| | 南瓜 | 26/100 | 油菜 | 26/100 | 尖辣椒 | 27/100 |
| | 韭黄 | 25/100 | 柿子椒 | 27/100 | 圆白菜 | 26/100 |
| | 蒜黄 | 22/100 | 油扁豆 | 22/100 | 毛竹笋 | 31/100 |
| | 空心菜 | 26/100 | 茼蒿 | 26/100 | 丝瓜 | 27/100 |
| | 白萝卜 | 21/100 | 油菜苔 | 22/100 | 木耳菜 | 26/100 |
| | 芹菜 | 30/100 | 芥蓝 | 24/100 | 竹笋 | 30/100 |
| | 菜瓜 | 20/100 | 西葫芦 | 25/100 | 西红柿 | 20/100 |
| | 莴笋叶 | 20/100 | 绿豆芽 | 18/100 | 芦笋 | 20/100 |
| | 黄瓜 | 16/100 | 小白菜 | 19/100 | 西洋菜 | 23/100 |
| | 冬瓜 | 14/100 | 胡瓜 | 11/100 | 生菜 | 19/100 |

| 食品名称 | 千卡/克 | 食品名称 | 千卡/克 | 食品名称 | 千卡/克 |
|---|---|---|---|---|---|
| 松子仁 | 698/100 | 核桃干 | 1458/100 | 炒葵花子 | 1185/100 |
| 葵花籽 | 1194/100 | 榛子（炒） | 2829/100 | 花生（炒） | 581/100 |
| 南瓜子（炒） | 844/100 | 西瓜子（炒） | 1332/100 | 花生仁（生） | 563/100 |
| 西瓜子仁 | 555/100 | 榛子（干） | 2007/100 | 杏仁 | 514/100 |
| 白果 | 355/100 | 栗子（干） | 472/100 | 莲子（干） | 344/100 |
| 葡萄干 | 341/100 | 苹果脯 | 336/100 | 核桃（鲜） | 760/100 |
| 金丝小枣 | 397/100 | 果丹皮 | 321/100 | 无核蜜枣 | 320/100 |
| 桂圆肉 | 313/100 | 桃脯 | 310/100 | 西瓜脯 | 305/100 |
| 大枣（干） | 338/100 | 杏仁酱 | 286/100 | 海棠脯 | 286/100 |
| 苹果酱 | 277/100 | 桂圆干 | 738/100 | 桃酱 | 273/100 |
| 草莓酱 | 269/100 | 干枣 | 330/100 | 柿饼 | 257/100 |
| 椰子 | 700/100 | 乌枣 | 386/100 | 黑枣 | 233/100 |
| 小枣 | 233/100 | 沙枣 | 488/100 | 莲子（糖水） | 201/100 |
| 栗子（鲜） | 370/100 | 红果（干） | 152/100 | 酒枣 | 159/100 |
| 鲜枣 | 140/100 | 芭蕉 | 160/100 | 红果 | 125/100 |
| 香蕉 | 154/100 | 人参果 | 91/100 | 海棠 | 85/100 |
| 柿子 | 82/100 | 龙眼 | 140/100 | 荔枝 | 96/100 |
| 甘蔗汁 | 64/100 | 玛瑙石榴 | 111/100 | 青皮石榴 | 111/100 |
| 无花果 | 59/100 | 苹果 | 69/100 | 猕猴桃 | 67/100 |
| 桃肉罐头 | 58/100 | 金桔 | 55/100 | 京白梨 | 68/100 |
| 黄桃 | 58/100 | 鸭梨 | 66/100 | 葡萄 | 58/100 |
| 紫葡萄 | 49/100 | 橄榄 | 61/100 | 桑葚 | 49/100 |
| 雪花梨 | 48/100 | 苹果梨 | 51/100 | 酥梨 | 60/100 |
| 蜜桃 | 47/100 | 橙子 | 64/100 | 樱桃 | 58/100 |
| 芦柑 | 56/100 | 蜜橘 | 55/100 | 番石榴 | 42/100 |
| 柚子 | 59/100 | 苹果罐头 | 39/100 | 枇杷 | 39/62 |
| 杏 | 40/100 | 李子 | 40/100 | 李子杏 | 38/100 |

| 水果类 | 食品名称 | 千卡/克 | 食品名称 | 千卡/克 | 食品名称 | 千卡/克 |
|---|---|---|---|---|---|---|
| | 杏子罐头 | 37/100 | 柠檬 | 53/100 | 哈密瓜 | 48/100 |
| | 西瓜 | 42/100 | 芒果 | 53/100 | 草莓 | 31/100 |
| | 杨桃 | 33/100 | 杨梅 | 34/100 | 柠檬汁 | 26/62 |
| | 香瓜 | 33/100 | 白兰瓜 | 38/100 | 青香蕉苹果 | 61/100 |

| 奶类 | 食品名称 | 千卡/克 | 食品名称 | 千卡/克 | 食品名称 | 千卡/克 |
|---|---|---|---|---|---|---|
| | 黄油 | 892/100 | 奶油 | 720/100 | 黄油渣 | 599/100 |
| | 羊奶粉（全脂） | 498/100 | 牛奶粉（全脂） | 478/100 | 奶片 | 472/100 |
| | 奶皮子 | 460/100 | 奶疙瘩 | 426/100 | 冰淇淋粉 | 396/100 |
| | 奶豆腐（脱脂） | 343/100 | 酸奶 | 72/100 | 果料酸奶 | 67/100 |
| | 母乳 | 65/100 | 酸奶（中脂） | 64/100 | 酸奶（高蛋白） | 72/100 |
| | 羊奶（鲜） | 59/100 | 脱脂酸奶 | 57/100 | 牛奶 | 54/100 |
| | 牛奶（强化VA,VD） | 51/100 | 果味奶 | 20/100 | 牛奶粉（母乳化奶粉） | 510/100 |
| | 牛奶粉（强化维生素） | 484/100 | 牛奶粉（全脂速溶） | 466/100 | 牛奶粉（婴儿奶粉） | 443/100 |

水产类

| 食品名称 | 千卡/克 | 食品名称 | 千卡/克 | 食品名称 | 千卡/克 |
|---|---|---|---|---|---|
| 鲮鱼（罐头） | 399/100 | 淡菜（干） | 355/100 | 蛏干 | 340/100 |
| 鲍鱼（干） | 322/100 | 鱿鱼（干） | 319/100 | 鱼片干 | 303/100 |
| 墨鱼（干） | 350/100 | 干贝 | 264/100 | 海参 | 282/100 |
| 鱼子酱（大麻哈） | 252/100 | 海鲫鱼 | 343/100 | 丁香鱼（干） | 196/100 |
| 海米 | 195/100 | 堤鱼 | 298/100 | 河鳗 | 215/100 |
| 腭针鱼 | 240/100 | 香海螺 | 276/100 | 快鱼 | 224/100 |
| 鲐鱼 | 235/100 | 虾皮 | 153/100 | 白姑鱼 | 224/100 |
| 胡子鲇 | 292/100 | 大麻哈鱼 | 199/100 | 平鱼 | 203/100 |
| 尖嘴白 | 171/100 | 鳊鱼（武昌鱼） | 229/100 | 八爪鱼 | 173/100 |
| 口头鱼 | 239/100 | 黄姑鱼 | 211/100 | 带鱼 | 167/100 |
| 黄鳍鱼 | 238/100 | 鲚鱼（小凤尾鱼） | 138/100 | 边鱼 | 177/100 |
| 沙梭鱼 | 169/100 | 海鳗 | 182/100 | 鲅鱼 | 152/100 |
| 银鱼 | 119/100 | 红螺 | 216/100 | 桂鱼 | 192/100 |
| 青鱼 | 184/100 | 赤眼鳟（金目鱼） | 193/100 | 梅童鱼 | 179/100 |
| 鲨鱼 | 196/100 | 鲤鱼 | 202/100 | 鲫鱼 | 216/100 |
| 比目鱼 | 149/100 | 鲷（加吉鱼） | 163/100 | 鲚鱼（大凤尾鱼） | 134/100 |
| 片口鱼 | 156/100 | 河蟹 | 245/100 | 鲇鱼 | 157/100 |
| 鲑鱼 | 167/100 | 基围虾 | 168/100 | 金线鱼 | 250/100 |
| 狗母鱼 | 149/100 | 鲈鱼 | 172/100 | 鳙鱼（胖头鱼） | 164/100 |
| 小黄花鱼 | 157/100 | 红鳟鱼 | 174/100 | 罗非鱼 | 178/100 |
| 蛤蜊（毛蛤蜊） | 388/100 | 泥鳅 | 160/100 | 大黄鱼 | 145/100 |
| 鲮鱼 | 167/100 | 海蟹 | 173/100 | 梭子蟹 | 194/100 |

| 水产类 | 食品名称 | 千卡/克 | 食品名称 | 千卡/克 | 食品名称 | 千卡/克 |
|---|---|---|---|---|---|---|
| | 鳌虾 | 300/100 | 对虾 | 152/100 | 龙虾 | 196/100 |
| | 黄鳝（鳝鱼） | 133/100 | 沙丁鱼 | 131/100 | 明太鱼 | 215/100 |
| | 石斑鱼 | 149/100 | 明虾 | 150/100 | 河虾 | 98/100 |
| | 乌贼 | 87/100 | 麦穗鱼 | 133/100 | 鲍鱼 | 130/100 |
| | 面包鱼 | 160/100 | 墨鱼 | 119/100 | 琵琶虾 | 253/100 |
| | 淡菜（鲜） | 163/100 | 海虾 | 155/100 | 鲜贝 | 77/100 |
| | 非洲黑鲫鱼 | 145/100 | 鱿鱼（水浸） | 77/100 | 海蛰头 | 74/100 |
| | 牡蛎 | 73/100 | 蚶子 | 263/100 | 海参（鲜） | 71/100 |
| | 蚌肉 | 113/100 | 海蛎肉 | 66/100 | 乌鱼蛋 | 90/100 |
| | 蟹肉 | 62/100 | 鲜赤贝 | 179/100 | 黄鳝（鳝丝） | 69/100 |
| | 鲜扇贝 | 171/100 | 田螺 | 231/100 | 生蚝 | 57/100 |
| | 蛤蜊（沙蛤） | 112/100 | 章鱼 | 52/100 | 河蚬 | 134/100 |
| | 蛤蜊（花蛤） | 98/100 | 蛏子 | 70/100 | 河蚌 | 157/100 |
| | 海蛰皮 | 33/100 | 海参（水浸） | 24/100 | 草鱼 | 193/100 |

| 菌藻类 | 食品名称 | 千卡/克 | 食品名称 | 千卡/克 | 食品名称 | 千卡/克 |
|---|---|---|---|---|---|---|
| | 石花菜 | 314/100 | 琼脂 | 311/100 | 发菜 | 246/100 |
| | 口蘑 | 242/100 | 普中红蘑 | 214/100 | 珍珠白蘑 | 212/100 |
| | 冬菇 | 247/100 | 香菇（干） | 222/100 | 杏丁蘑 | 207/100 |
| | 紫菜 | 207/100 | 黑木耳 | 205/100 | 大红菇 | 200/100 |
| | 白木耳 | 208/100 | 黄蘑 | 187/100 | 榛蘑 | 204/100 |
| | 苔菜 | 148/100 | 松蘑 | 112/100 | 海带（干） | 79/100 |
| | 金针菇 | 26/100 | 草菇 | 23/100 | 双孢蘑菇 | 23/100 |
| | 水发木耳 | 21/100 | 平菇 | 22/100 | 鲜蘑 | 20/100 |
| | 香菇（鲜） | 19/100 | 海带（鲜） | 17/100 | 猴头菇 | 13/100 |

| 食品名称 | 千卡/克 | 食品名称 | 千卡/克 | 食品名称 | 千卡/克 | 肉类 |
|---|---|---|---|---|---|---|
| 猪肉（肥） | 816/100 | 猪肉（肋条肉） | 592/100 | 猪肚 | 115/100 | |
| 猪心 | 123/100 | 猪腰 | 103/100 | 猪肺 | 87/100 | |
| 猪小肠 | 65/100 | 猪肉松 | 396/100 | 咸肉 | 385/100 | |
| 猪肉（软五花） | 411/100 | 猪肉（硬五花） | 429/100 | 猪肉（前蹄膀） | 504/100 | |
| 猪肉（后臀尖） | 341/100 | 宫保肉丁 | 336/100 | 猪肉（后蹄膀） | 438/100 | |
| 猪肘棒（熟） | 436/100 | 猪大排 | 388/100 | 猪蹄 | 443/100 | |
| 午餐肠 | 261/100 | 金华火腿 | 318/100 | 红果肠 | 260/100 | |
| 猪大肠 | 191/100 | 猪耳 | 190/100 | 猪肉（腿） | 190/100 | |
| 卤猪杂 | 186/100 | 猪肉（瘦） | 143/100 | 猪脑 | 131/100 | |
| 猪肝 | 130/100 | 猪蹄筋 | 156/100 | 猪肉（里脊） | 155/100 | |
| 午餐肉 | 229/100 | 猪小肚 | 225/100 | 猪排骨 | 386/100 | |
| 大肉肠 | 272/100 | 猪血 | 55/100 | 猪肉（清蒸） | 198/100 | |
| 牛肉（瘦） | 106/100 | 牛肉（后腿） | 98/100 | 牛肉（前腿） | 95/100 | |
| 牛肉（前腱） | 105/100 | 牛肉（后腱） | 99/100 | 牛肚 | 72/100 | |
| 牛肉干 | 550/100 | 酱汁肉 | 572/100 | 牛肉松 | 445/100 | |
| 牛肺 | 94/100 | 牛舌 | 196/100 | 酱牛肉 | 246/100 | |
| 煨牛肉 | 166/100 | 牛肝 | 139/100 | 牛蹄筋 | 151/100 | |
| 羊肉干 | 588/100 | 羊肉（胸脯） | 135/100 | 羊肉（颈） | 147/100 | |
| 羊肉（后腿） | 132/100 | 羊肉（背脊） | 94/100 | 羊肉（前腿） | 156/100 | |
| 羊肉（肥瘦） | 220/100 | 羊肾 | 90/100 | 羊舌 | 225/100 | |
| 羊大肠 | 70/100 | 羊心 | 113/100 | 羊肉串 | 234/100 | |
| 羊肝 | 134/100 | 腊羊肉 | 246/100 | 羊脑 | 142/100 | |
| 酱羊肉 | 272/100 | 羊肚 | 87/100 | 羊血 | 57/100 | |
| 腊肠 | 584/100 | 腊肉 | 181/100 | 香肠 | 508/100 | |

| 肉类 | 食品名称 | 千卡/克 | 食品名称 | 千卡/克 | 食品名称 | 千卡/克 |
|---|---|---|---|---|---|---|
| | 广东香肠 | 433/100 | 蒜肠 | 297/100 | 小泥肠 | 295/100 |
| | 小红肠 | 280/100 | 风干肠 | 283/100 | 叉烧肉 | 279/100 |
| | 肯德基炸鸡 | 399/100 | 蛋清肠 | 278/100 | 大腊肠 | 267/100 |
| | 火腿肠 | 212/100 | 烧鹅 | 396/100 | 驴肉（熟） | 251/100 |
| | 鸭皮 | 538/100 | 母麻鸭 | 615/100 | 北京烤鸭 | 545/100 |
| | 酱鸭 | 267/100 | 北京填鸭 | 565/100 | 公麻鸭 | 517/62 |
| | 盐水鸭 | 385/100 | 鸭舌 | 402/100 | 鸭掌 | 254/100 |
| | 鸭翅 | 218/100 | 鸭心 | 143/100 | 鸭肝 | 128/100 |
| | 鸭肫 | 99/100 | 鸭肉（胸脯） | 90/100 | 鸭血 | 58/100 |
| | 鸭子 | 353/100 | 酱鸭 | 333/100 | 叉烧肉 | 279/100 |
| | 肉鸡 | 526/100 | 母鸡 | 388/100 | 鸡肝 | 121/100 |
| | 鸡胗 | 118/100 | 鸡肉松 | 440/100 | 瓦罐鸡汤（汤） | 408/100 |
| | 鸡爪 | 423/100 | 鸡翅 | 281/100 | 瓦罐鸡汤（肉） | 190/100 |
| | 鸡腿 | 262/100 | 鸡心 | 172/100 | 鸡胸肉 | 133/100 |
| | 烤鸡 | 329/100 | 扒鸡 | 326/100 | 卤鸡 | 303/100 |
| | 鸡血 | 49/100 | 乌骨鸡 | 231/100 | 土鸡 | 214/100 |
| | 火鸡胸脯 | 103/100 | 火鸡肫 | 91/100 | 火鸡肝 | 143/100 |
| | 火鸡腿 | 90/100 | 鹅 | 389/100 | 鹅肫 | 100/100 |
| | 鹅肝 | 129/100 | 野兔肉 | 84/100 | 狗肉 | 145/100 |
| | 驴肉 | 116/100 | 酱驴肉 | 160/100 | 马肉 | 122/100 |
| | 鸽 | 479/100 | 乌鸦 | 136/100 | 喜鹊 | 128/100 |
| | 鹌鹑 | 190/100 | | | | |

193

| 食品名称 | 干卡/克 | 食品名称 | 干卡/克 | 食品名称 | 干卡/克 | 蛋类 |
|---|---|---|---|---|---|---|
| 蛋黄粉 | 644/100 | 鸡蛋粉 | 545/100 | 鸭蛋黄 | 378/100 | |
| 鸡蛋黄 | 328/100 | 鹅蛋黄 | 324/100 | 鹅蛋 | 225/100 | |
| 咸鸭蛋 | 216/100 | 鸭蛋 | 207/100 | 松花蛋（鸡） | 214/100 | |
| 松花蛋（鸭） | 190/100 | 鹌鹑蛋 | 186/100 | 鸡蛋（红皮） | 177/100 | |
| 鹌鹑蛋（五香罐头） | 171/100 | 鸡蛋（白皮） | 159/100 | 鸡蛋白 | 60/100 | |
| 鹅蛋白 | 48/100 | 鸭蛋白 | 47/100 | | | |

| 食品名称 | 干卡/克 | 食品名称 | 干卡/克 | 食品名称 | 干卡/克 | 油脂类 |
|---|---|---|---|---|---|---|
| 棕榈油 | 900/100 | 菜籽油 | 899/100 | 茶油 | 899/100 | |
| 豆油 | 899/100 | 花生油 | 899/100 | 葵花籽油 | 899/100 | |
| 棉籽油 | 899/100 | 色拉油 | 898/100 | 香油 | 898/100 | |
| 大麻油 | 897/100 | 玉米油 | 895/100 | 牛油 | 835/100 | |
| 猪油（未炼） | 827/100 | 猪油（炼） | 897/100 | 胡麻油 | 450/100 | |
| 辣椒油 | 450/100 | 牛油（炼） | 898/100 | 鸭油（炼） | 897/100 | |
| 羊油（炼） | 895/100 | 羊油 | 824/100 | | | |

| 食品名称 | 干卡/克 | 食品名称 | 干卡/克 | 食品名称 | 干卡/克 | 五谷类 |
|---|---|---|---|---|---|---|
| 油炸土豆片 | 612/100 | 黑芝麻 | 531/100 | 白芝麻 | 517/100 | |
| 油面筋 | 490/100 | 方便面 | 472/100 | 油饼 | 399/100 | |
| 油条 | 386/100 | 莜麦面 | 385/100 | 燕麦片 | 367/100 | |
| 小米 | 358/100 | 薏米 | 357/100 | 籼米 | 351/100 | |
| 高粱米 | 351/100 | 富强粉 | 350/100 | 通心粉 | 350/100 | |
| 大黄米（黍） | 349/100 | 江米 | 348/100 | 粳米 | 348/100 | |

| | 食品名称 | 千卡/克 | 食品名称 | 千卡/克 | 食品名称 | 千卡/克 |
|---|---|---|---|---|---|---|
| 五谷类 | 挂面 | 344/100 | 机米 | 347/100 | 玉米糁 | 347/100 |
| | 米粉 | 346/100 | 香大米 | 346/100 | 标准粉 | 344/100 |
| | 血糯米 | 343/100 | 黄米 | 342/100 | 玉米面 | 340/100 |
| | 素虾（炸） | 576/100 | 腐竹皮 | 489/100 | 腐竹 | 459/100 |
| | 豆浆粉 | 422/100 | 黄豆粉 | 418/100 | 豆腐皮 | 409/100 |
| | 油炸豆腐 | 405/100 | 黑豆 | 381/100 | 黄豆 | 359/100 |
| | 蚕豆（干） | 304/100 | 卤干 | 336/100 | 虎皮芸豆 | 334/100 |
| | 杂豆 | 316/100 | 红芸豆 | 314/100 | 豌豆（干） | 313/100 |
| | 红小豆 | 309/100 | 白芸豆 | 296/100 | 白薯干 | 612/100 |
| | 土豆粉 | 337/100 | 绿豆面 | 316/100 | 粉条 | 337/100 |
| | 地瓜粉 | 336/100 | 玉米 | 336/100 | 粉丝 | 335/100 |
| | 黑米 | 333/100 | 煎饼 | 333/100 | 大麦 | 307/100 |
| | 荞麦粉 | 304/100 | 烧饼 | 302/100 | 烙饼 | 255/100 |
| | 馒头 | 208/100 | 水面筋 | 140/100 | 烤麸 | 121/100 |
| | 面条 | 109/100 | 粉皮 | 64/100 | 小米粥 | 46/100 |
| | 米粥（粳米） | 46/100 | 豆沙 | 243/100 | 红豆馅 | 240/100 |
| | 素火腿 | 211/100 | 桂林腐乳 | 204/100 | 豆腐丝 | 201/100 |
| | 素鸡 | 192/100 | 素大肠 | 153/100 | 熏干 | 153/100 |
| | 酱豆腐 | 151/100 | 豆腐干 | 140/100 | 臭豆腐 | 130/100 |
| | 北豆腐 | 98/100 | 南豆腐 | 57/100 | 豆腐脑 | 10/100 |
| | 桂林腐乳 | 204/100 | 腐乳 | 133/100 | 上海南乳 | 138/100 |
| | 酸豆乳 | 67/100 | 豆奶 | 38/100 | 豆浆 | 13/100 |

| 食品名称 | 重量 | 含热量（千卡） | 食品名称 | 重量 | 含热量（千卡） | 调味料 |
| --- | --- | --- | --- | --- | --- | --- |
| 盐 | 100g | 0 | 甜面酱 | 100g | 139 | |
| 醋 | 100g | 11 | 芝麻酱 | 100g | 481 | |
| 辣酱 | 100g | 33 | 草莓果酱 | 100g | 120 | |
| 米酒 | 100g | 91 | 葡萄果酱 | 100g | 120 | |
| 酱油 | 100g | 63 | 切片乳酪 | 100g | 328 | |
| 黑糖 | 100g | 324 | 传统沙拉酱 | 500g | 3620 | |
| 白醋 | 100g | 6 | 食用油 | 440g | 3951 | |
| 白糖 | 100g | 396 | 蛋黄 | 30g | 103 | |
| 红葱头 | 100g | 75 | 白醋 | 10g | 0.6 | |
| 番茄酱 | 100g | 93 | 白糖 | 20g | 80 | |
| 花生粉 | 8 g | 45 | 沙拉酱 | 500g | 4134.6 | |
| 美乃滋 | 1 汤匙 | 45 | 每份沙拉 | 100g | 826（沙拉酱） | |

## 10周70天神奇沙拉瘦身表

| | 第一周 | 第二周 | 第三周 | 第四周 | 第五周 | 第六周 | 第七周 | 第八周 | 第九周 | 第十周 |
|---|---|---|---|---|---|---|---|---|---|---|
| 第1天 | 焗豆番茄沙拉 | 彩虹蜜桃沙拉 | 橙香蓝莓沙拉 | 核桃黑木耳沙拉 | 山药黄瓜沙拉 | 苹果木瓜卜沙拉 | 黄瓜沙拉 | 美汁牛油果沙拉 | 酸奶草莓沙拉 | 西芹苹果沙拉 |
| 第2天 | 火腿南瓜沙拉 | 烤鸡胸芦笋沙拉 | 魔芋豆芽沙拉 | 日式芝麻酱白菜沙拉 | 鸡蛋蔬菜沙拉 | 腌子姜豆腐沙拉 | 泰式银耳鲜虾沙拉 | 烤玉米沙拉 | 泰式青木瓜沙拉 | 鲜虾芒果沙拉 |
| 第3天 | 美丝胡萝卜沙拉 | 煎豆腐沙拉 | 牛肉三明治沙拉 | 美式千白土豆沙拉 | 石榴火龙果酸奶沙拉 | 烤蔬菜（土豆南瓜）沙拉 | 日式腌渍菇沙拉 | 茄枝薄荷沙拉 | 洋葱薄荷沙拉 | |
| 第4天 | 烤西葫芦沙拉 | 苦瓜鱼肉沙拉 | 烧烤蕃茄南瓜沙拉 | 鲜虾西瓜沙拉 | 茄子松子酸奶沙拉 | 蜜桃火腿沙拉 | 西蓝花培根沙拉 | 脆生菜沙拉 | 虾仁沙拉 | 多仁蜜桃沙拉 |
| 第5天 | 鲜虾柠檬沙拉 | 海带沙拉 | 泰式蟹肉牛油果沙拉 | 培根土豆沙拉 | 辣肠西柿沙拉 | 吞拿鱼番茄沙拉 | 脆鱼片沙拉 | 鲜贝鲜虾沙拉 | 紫甘蓝鸭梨沙拉 | 椰丝杂果沙拉 |
| 第6天 | 油桃青柠沙拉 | 蜜瓜鲜虾沙拉 | 烤鸭李子沙拉 | 猪肉米粉沙拉 | 泰式牛肉沙拉 | 煎鸭肉沙拉 | 豌豆茭鸡肉芒果沙拉 | 照烧鸭肉胡萝卜沙拉 | 意面海鲜沙拉 | 西红柿花生番茄沙拉 |
| 第7天 | | 苹果米香沙拉 | 茶末汁玉米笋花生沙拉 | 圣诞树沙拉 | 烤面包沙拉 | 樱桃沙拉 | 起泡酒蜜瓜沙拉 | 树莓西瓜薄荷沙拉 | 香煎鱿鱼沙拉 | 西神草莓丝沙拉 |
| 体重（kg） | | | | | | | | | | |

我的励志宣言：

签名：

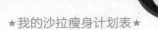

★我的沙拉瘦身计划表★

续表

| | 第1天 | 第2天 | 第3天 | 4天 | 第5天 | 第6天 | 第7天 |
|---|---|---|---|---|---|---|---|
| 早餐 | | | | | | | |
| 午餐 | | | | | | | |
| 晚餐 | | | | | | | |
| 体重<br>（kg） | | | | | | | |

我的励志宣言：

★我的沙拉瘦身计划表★

续表

| | 第1天 | 第2天 | 第3天 | 4天 | 第5天 | 第6天 | 第7天 |
|---|---|---|---|---|---|---|---|
| 早餐 | | | | | | | |
| 午餐 | | | | | | | |
| 晚餐 | | | | | | | |
| 体重（kg） | | | | | | | |

我的励志宣言：